Krzysztof Wilchelmi

Kinetik von CdS bei nasschemischer Abscheidung

Krzysztof Wilchelmi

Kinetik von CdS bei nasschemischer Abscheidung

Pufferschichten in der Photovoltaik

Südwestdeutscher Verlag für Hochschulschriften

Impressum/Imprint (nur für Deutschland/only for Germany)
Bibliografische Information der Deutschen Nationalbibliothek: Die Deutsche Nationalbibliothek verzeichnet diese Publikation in der Deutschen Nationalbibliografie; detaillierte bibliografische Daten sind im Internet über http://dnb.d-nb.de abrufbar.
Alle in diesem Buch genannten Marken und Produktnamen unterliegen warenzeichen-, marken- oder patentrechtlichem Schutz bzw. sind Warenzeichen oder eingetragene Warenzeichen der jeweiligen Inhaber. Die Wiedergabe von Marken, Produktnamen, Gebrauchsnamen, Handelsnamen, Warenbezeichnungen u.s.w. in diesem Werk berechtigt auch ohne besondere Kennzeichnung nicht zu der Annahme, dass solche Namen im Sinne der Warenzeichen- und Markenschutzgesetzgebung als frei zu betrachten wären und daher von jedermann benutzt werden dürften.

Coverbild: www.ingimage.com

Verlag: Südwestdeutscher Verlag für Hochschulschriften GmbH & Co. KG
Dudweiler Landstr. 99, 66123 Saarbrücken, Deutschland
Telefon +49 681 37 20 271-1, Telefax +49 681 37 20 271-0
Email: info@svh-verlag.de

Zugl.: Berlin, TU, Diss., 2010

Herstellung in Deutschland:
Schaltungsdienst Lange o.H.G., Berlin
Books on Demand GmbH, Norderstedt
Reha GmbH, Saarbrücken
Amazon Distribution GmbH, Leipzig
ISBN: 978-3-8381-2819-1

Imprint (only for USA, GB)
Bibliographic information published by the Deutsche Nationalbibliothek: The Deutsche Nationalbibliothek lists this publication in the Deutsche Nationalbibliografie; detailed bibliographic data are available in the Internet at http://dnb.d-nb.de.
Any brand names and product names mentioned in this book are subject to trademark, brand or patent protection and are trademarks or registered trademarks of their respective holders. The use of brand names, product names, common names, trade names, product descriptions etc. even without a particular marking in this works is in no way to be construed to mean that such names may be regarded as unrestricted in respect of trademark and brand protection legislation and could thus be used by anyone.

Cover Image: www.ingimage.com

Publisher: Südwestdeutscher Verlag für Hochschulschriften GmbH & Co. KG
Dudweiler Landstr. 99, 66123 Saarbrücken, Germany
Phone +49 681 37 20 271-1, Fax +49 681 37 20 271-0
Email: info@svh-verlag.de

Printed in the U.S.A.
Printed in the U.K. by (see last page)
ISBN: 978-3-8381-2819-1

Copyright © 2011 by the author and Südwestdeutscher Verlag für Hochschulschriften GmbH & Co. KG and licensors
All rights reserved. Saarbrücken 2011

Abstract

Bei Dünnschicht-Photovoltaikzellen wird CdS als eine Pufferschicht zwischen der Absorberschicht (hier: Chalkopyrit) und einer Fensterschicht (hier: ZnO) aufgetragen. Die Deposition der CdS-Schicht erfolgt in einem nasschemischen Verfahren. Dieses Verfahren ist seit Jahren bekannt und wird bei der Herstellung von Solarzellen genutzt. Obwohl das Verfahren angewendet wird, ist die Kinetik nicht eindeutig bestimmt und das Modell der CdS-Deposition nicht eindeutig aufgestellt worden. Bisher wird von drei nebeneinander bestehen Modellen ausgegangen. Neben dem heterogenen ion-by-ion Depositionsmodell bestehen die homogenen molecule-by-molecule und cluster-by-cluster Depositionsmodelle.

Für die kinetische Untersuchung des Reaktionsnetzwerkes bei der CdS-Bildung wird in dieser Arbeit die Messung der Extinktion, der elektrischen Leitfähigkeit und des Schichtwachstums mit einer Quarzmikrowaage durchgeführt. Auf Grundlage der Ergebnisse werden Gleichungen der Reaktionsgeschwindigkeit für die CdS-Bildung in der Reaktionslösung, sowie für die CdS-Deposition, aufgestellt. Mit diesem kinetischen Verständnis werden gezielt Parametervariationen bei der Deposition von CdS durchgeführt. Durch die Variation der hydrodynamischen Bedingungen und der äußeren Einflüsse werden die Depositionsmodelle ion-by-ion und cluster-by-cluster ausgeschlossen und das molecule-by-molecule Modell als die dominante Deposition angenommen. Vereinfachte Simulationen dieses Depositionsmodells mit dem Programm *Berkeley Madonna* bestätigen sowohl das molecule-by-molecule Modell als auch das vorliegende Reaktionsnetzwerk. Mit dem aufgestellten kinetischen Ansatz zur CdS-Bildung werden die kontroversen Beobachtungen in früheren Publikationen verglichen. Dabei ist es möglich, die in dieser Arbeit ermittelte Kinetik der CdS-Bildung, mit den Ergebnissen anderer Publikationen zu vergleichen und diese auf das molecule-by-molecule Modell zurückzuführen.

Das erworbene Verständnis der Reaktion wird im Anschluss die Selektivität in Bezug auf die CdS-Deposition optimieren. Das Verständnis wird ebenfalls dazu genutzt einen neuen Puffer zu entwickeln, mit dem der Wirkungsgrad der Solarzelle gesteigert wird.

Inhalt

Abbildungsverzeichnis I
Tabellenverzeichnis IX
Abkürzungsverzeichnis XI
1 Einleitung .... - 1 -
2 Grundlagen .... - 5 -
   2.1 Arten von Solarzelle .... - 5 -
   2.2 Herstellungsverfahren eines Dünnschicht-Solarmoduls auf Chalkopyritbasis bei der Fa. Sulfurcell .... - 7 -
   2.3 Bedeutung der Pufferschicht in einer Solarzelle .... - 9 -
   2.4 Depositionsverfahren von Pufferschichten .... - 11 -
      2.4.1 Depositionsmodelle .... - 13 -
   2.5 Verwendete Messmethoden .... - 17 -
      2.5.1 Spektroskopie .... - 18 -
      2.5.2 Konduktometrie .... - 20 -
      2.5.3 Schichtdickenbestimmung .... - 22 -
      2.5.4 Transmissionselektronenmikroskopie (TEM) .... - 24 -
      2.5.5 Schwingquarzmikrowaage (QCM) .... - 25 -
      2.5.6 Strom-Spannung Kennlinien (IV-Messung) .... - 27 -
3 Voruntersuchungen .... - 31 -
   3.1 Experimenteller Aufbau .... - 31 -
      3.1.1 Reaktionsaufbau eines 0,25L Reaktors .... - 32 -
      3.1.2 Reaktionsaufbau eines 0,5L Reaktors .... - 34 -
   3.2 Wellenlängenbestimmung für die spektroskopische Messuung .... - 36 -
   3.3 Reproduzierbarkeit der Extinktionsmessung .... - 39 -
      3.3.1 Ansatzspezifische Reproduzierbarkeit .... - 40 -
      3.3.2 Aufbauspezifische Reproduzierbarkeit .... - 42 -
   3.4 Thioharnstoff-Chargen Problematik .... - 45 -
      3.4.1 Umkristallisation von Thioharnstoff .... - 46 -
      3.4.2 Variation des pH-Wertes der wässrigen Thioharnstoff-Lösung .... - 48 -
      3.4.3 Einfluss von Formamidindisulfid-dihydrochlorid als Additiv .... - 51 -

4 Kinetische Untersuchungen ... - 55 -
4.1 Konzentrationsvariation der Edukte ... - 55 -
4.2 Variation von Formamidindisulfid-dihydrochlorid ... - 64 -
4.3 Temperaturvariation der Reaktionslösung ... - 66 -
4.4 Kalibrierung der Extinktion auf CdS Konzentration ... - 73 -
4.5 Variation der Reynolds-Zahl (Re) ... - 77 -
4.6 Zeitliche Darstellung der Deposition ... - 82 -
4.7 Einfluss von Ultraschall auf die CdS-Reaktion im CBD ... - 86 -
4.8 Einfluss des Volumen/Fläche-Verhältnisses auf das System ... - 89 -
4.9 Autokatalyse der CdS-Bildung ... - 92 -
4.10 Analytik der CdS-Oberfläche ... - 94 -
4.10.1 Transmissionselektronenmikroskopie (TEM) ... - 94 -
4.10.2 Röntgenbeugung (XRD) ... - 96 -

5 Diskussion ... - 99 -
5.1 Interpretation der Messdaten ... - 99 -
5.2 Modell der Deposition ... - 105 -
5.3 Kinetische Untersuchung ... - 114 -
5.4 Selektivitätsbetrachtung der Reaktion ... - 133 -
5.5 Simulation mit dem Modell ... - 139 -
5.6 Vergleich des kinetischen Modells mit der Literatur ... - 142 -
5.7 Kombination der Kinetik von CdS mit ZnS ... - 144 -

6 Zusammenfassung ... - 149 -
Anhang ... - 153 -
Literaturverzeichnis ... - 157 -

Abbildungsverzeichnis

Abbildung 2-1: Schematische Darstellung des sequenziellen Herstellungsprozesses eines auf CIS basierenden Photovoltaik Moduls bei Fa. Sulfurcell Solartechnik GmbH. [Aus: Sulfurcell Solartechnik GmbH]...- 7 -
Abbildung 2-2: Schnittbild eines CIS-Solarmoduls mit der seriellen Strukturierung. Die Pfeile geben den Stromfluss durch die serielle Schaltung an. [Tri10]...............- 9 -
Abbildung 2-3: Reaktionen in CBD und an der Substratoberfläche (schwarzer Balken). Oben: Vermutete Reaktionen in der Mutterlauge, mit der Komplexierung des Cadmiumions durch Ammoniak, Reaktion zu CdS-Molekülen und anschließende Bildung der Cluster und weiteres Wachstum der Partikel bis zu Nanopartikeln. Unten (von links nach rechts): ion-by-ion Modell, nach welchem die Reaktion heterogen direkt an der Substratoberfläche stattfindet; molecule-by-molecule Modell, bei dem sich die frisch gebildeten CdS-Moleküle auf der Oberfläche abscheiden und cluster-by-cluster Modell, bei dem erst nach CdS-Molekülbildung und anschließender Bildung von Clustern eine Deposition der Cluster möglich ist............- 14 -
Abbildung 2-4: Darstellung der Depositionsmodelle nach Frank-van-de-Merve (links), bei dem die Oberfläche schichtweise gebildet wird, Stranski-Krastanov (mitte), bei dem die Oberfläche zu Beginn schichtweise gebildet wird und anschließend durch lokal nanoskopisch große Gebilde weiter wächst und Volmer-Weber (rechts), bei dem der Wachstum hauptsächlich durch lokale Deposition stattfindet. [Wik10b]..- 17 -
Abbildung 2-5: Verlauf der Extinktionsmessung über die Reaktionszeit einer CdS Beschichtung unter Standardkonzentrationen. Messung bei $\lambda = 550nm$. [Aus: Experiment KW072]..- 20 -
Abbildung 2-6: Konduktometrische Messung der Leitfähigkeit durch Temperatur über die Reaktionszeit bei einer Reaktion unter Standardbedingungen [Aus: Experiment KW072]..- 22 -
Abbildung 2-7: REM-Aufnahme und Messung einer CdS-Schicht an einer Bruchkante mit 100.000facher Vergrößerung. [Wil07]..- 23 -
Abbildung 2-8: Vergleich der Auflösung zwischen einer TEM Messung (links) und einer REM Messung (rechts). [Aus: Experiment KW062 und [Wil07]]........- 25 -
Abbildung 2-9: Schichtdicke und der Depositionsverlauf über der Reaktionszeit einer CdS Beschichtung unter Standardkonzentrationen. Datenaufnahme unter Annahme einer hexagonaler Anordnung und damit einer Dichte des CdS von $4,82g/cm^3$. [Aus: Experiment KW072]...- 26 -
Abbildung 2-10: Strom-Spannung Kennlinie für einen Halbleiter ohne Beleuchtung (grün) und mit Beleuchtung (blau). Der Schnittpunkt mit der Abszisse gibt die Leerlaufspannung und der Schnittpunkt mit der Ordinate den Kurzschlussstrom an. Die eingespannte Fläche, welche die maximale Leistung aus dem Strom und der Spannung erbringt, gibt den Füllfaktor im Verhältnis zu der maximal möglichen Leistung an. [WWW01]...........- 28 -
Abbildung 3-1: Aufbau des Handdips. Skizze des Aufbaus (links) inkl. Spektrometer, Thermostatplatte, Substrathalter und Substrate sowie ein Foto des Aufbaus (rechts)..- 32 -

I

Abbildung 3-2: Temperaturrampe beim Handdip. Abgebildet sind die gemessenen Temperaturen drei nacheinander folgenden Reaktionen unter Standardbedingungen. Ungenauigkeit der Messapparatur liegt bei 0,1°C und 2s, die Fehlerbalken sind aufgrund der geringen Ungenauigkeit und der sehr ausgeprägten Skala nicht abgebildet [Aus: Experiment KW017].. - 34 -

Abbildung 3-3: Aufbau 0,5L Batch. Skizze mit den Thermostaten und UV-Spektrometer (links). Zusätzlich ist die Anordnung der Substrate in dem Reaktor angedeutet. Die Fotografie (rechts) zeigt den realen Aufbau................ - 35 -

Abbildung 3-4: Substrathalter mit vier eingesetzten Substraten (Molybdän auf Glas) ...... - 35 -

Abbildung 3-5: Extinktionsspektrum bei Reaktionszeiten von 3min, 5min, 15min und 30min. Die senkrechten Linien markieren die abrupte Steigungsdifferenz an der Absorptionskante für CdS, die sich mit der Zeit zu höheren Wellenlängen verschiebt. Reaktion unter Standardbedingungen und im 0,5L Batch Aufbau (Kapitel 3.1.2). [Aus: Experiment KW043] .... - 37 -

Abbildung 3-6: Extinktion über die Reaktionszeit bei verschiedenen Wellenlängen. Reaktion unter Standardbedingungen und im 0,5L Batch Aufbau (Kapitel 3.1.2). [Aus: Experiment KW043] .... - 38 -

Abbildung 3-7: Extinktion über die Reaktionszeit bei verschiedenen Wellenlängen auf den höchsten gemessenen Wert normiert. Reaktion unter Standardbedingungen und im 0,5 Batch Aufbau (Kapitel 3.1.2). [Aus: Experiment KW043] - 38 -

Abbildung 3-8: Reproduzierbarkeit innerhalb eines Ansatzes. Maximale Zeitdifferenz beträgt 6h. Abgebildet sind Reaktionen unter Standardbedingungen im 0,5L Batch Aufbau. Für den Transport der Prozesslösung zum Spektrometer wurden unterschiedliche Schlauchdicken benutzt. Bei 1.1 bis 1.3 wurde ein Schlauch mit 0,1mm Innendurchmesser verwendet. Bei 4.1 und am darauf folgenden Tag 1.2 und 2.2 wurde ein dickerer Schlauch mit 1,6mm Innendurchmesser verwendet. Reaktionen unter Standardbedingungen und im 0,5 Batch Aufbau. Die Messung wurde bei 400nm durchgeführt. [Aus: Experiment KW036] .... - 41 -

Abbildung 3-9: Ermittlung der Steigung der Extinktion einer Reaktion aus Abbildung 3-8 mit dem Programm Origin 7.0... - 41 -

Abbildung 3-10: Reproduzierbarkeit über mehrere Tage. Es wurden pro Tag je zwei Reaktionen unter Standardbedingungen und mit dem 0,5L Batch Aufbau durchgeführt. Die Messung wurde bei 400nm durchgeführt [Aus: Experiment KW038]. Die scharfe Kante bei einem Wert von 3,775 ist durch das Spektrometer bedingt. Die maximale Trübungsintensität wurde damit erreicht... - 43 -

Abbildung 3-11: Unterschiedlicher Verlauf der Extinktion bei gleichen Standardbedingungen im 0,25L Reaktor. Es wurden zwei unterschiedliche Thioharnstoff-Chargen (definiert als ES und LS) verwendet. Isotherme Durchführung bei 50°C (links) [Aus: Experiment KW031] und Reaktion mit einer Heizrampe (rechts) (Start bei 25°C mit 60°C heißer Vorlage) [Aus: Experiment KW041]. Der Fehler wird hier bei dem LS auf 4% begrenzt, da die Reaktion direkt nach dem Ansatz durchgeführt wurde. Die Nummer neben der Bezeichnung gibt die Chargennummer des Lieferanten Alzchem an... - 46 -

Abbildung 3-12: Reaktionen nach der Umkristallisierung von zwei unterschiedlichen Chargen. Reaktion nach Standardbedingungen mit einem 0,25L Batch Aufbau und isotherm bei 50°C [Aus: Experiment KW031] .... - 47 -

Abbildung 3-13: Verlauf der Extinktion über die Reaktionszeit bei verschieden eingestellten ph-Wert der wässrigen Thioharnstoff-Lösung. Abbildung zeigt die beiden frisch angesetzten Referenzgruppen (schwarze und graue ausgefüllte Quadrate) sowie die ein Tag alte Thioharnstoff-Lösungen, welche auf spezifische ph-Werte eingestellt wurden. Die Reaktionen wurden unter Standardkonzentrationen und mit dem 0,25L Batch Aufbau durchgeführt. [Aus: Experiment KW042] .... - 50 -

Abbildung 3-14: Darstellung von Thioharnstoff und seinem Dimer Formamidindisulfid. - 52 -

Abbildung 3-15: Angleich des Reaktionsverhalten über Zugabe des Dimers. Extinktion über die Reaktionszeit mit unterschiedlichen Zugaben der Konzentration von Formamidindisulfid. Abbildung zeigt die beiden frisch angesetzten Referenzgruppen (schwarze und graue ausgefüllte Quadrate) sowie eine Reaktionsreihe mit unterschiedlichen Konzentrationen des Dimers. Die Reaktionen wurden unter Standardkonzentrationen sowie 0,25L Aufbau durchgeführt. [Aus: Experiment KW041] .... - 52 -

Abbildung 3-16: Resultierende Schichtdicke nach Angleichen der Reaktionskinetik über die Zugabe von minimalen Mengen an Formamidindisulfid. Die Reaktionen wurden unter Standardkonzentrationen sowie 0,25L Aufbau durchgeführt. [Aus: Experiment KW041] .... - 53 -

Abbildung 4-1: Abhängigkeit der Steigung der Extinktion (oben) und der Depositionsrate (unten) von der eingesetzten Konzentration von Thioharnstoff. Die Reaktionen wurden unter Standardbedingungen mit dem 0,5L Batch Aufbau durchgeführt. [Aus: Experiment KW067] .... - 56 -

Abbildung 4-2: Resultierende CdS-Schichtdicke über die eingesetzte Thioharnstoff-Konzentration. Die Reaktionen wurden unter Standardbedingungen mit dem 0,5L Batch Aufbau durchgeführt. [Aus: Experiment KW067] .... - 58 -

Abbildung 4-3: Abhängigkeit der Steigung der Extinktion (oben) und der Depositionsrate (unten) von der eingesetzten Konzentration von Cadmiumacetat. Die Reaktionen wurden unter Standardbedingungen mit dem 0,5L Batch Aufbau durchgeführt. [Aus: Experiment KW067] .... - 59 -

Abbildung 4-4: Resultierende CdS-Schichtdicke über die eingesetzte Cadmiumacetat-Konzentration. Die Reaktionen wurden unter Standardbedingungen mit dem 0,5L Batch Aufbau durchgeführt. [Aus: Experiment KW067] .... - 60 -

Abbildung 4-5: Abhängigkeit der Steigung der Extinktion (oben) und der Depositionsrate (unten) von der eingesetzten Konzentration von Ammoniak. Die Reaktionen wurden unter Standardbedingungen mit dem 0,5L Batch Aufbau durchgeführt. [Aus: Experiment KW067] .... - 60 -

Abbildung 4-6: Resultierende CdS-Schichtdicke über die eingesetzte Ammoniak-Konzentration. Die Reaktionen wurden unter Standardbedingungen mit dem 0,5L Batch Aufbau durchgeführt. [Aus: Experiment KW067] .... - 61 -

Abbildung 4-7: Zeitlich aufgelöste Extinktionskurven der Variation der Thioharnstoff-Konzentration (oben links) sowie der Cadmium-Konzentration (oben rechts) und Ammoniak-Konzentration (unten). Reaktionen wurden, abgesehen von der Konzentrationsvariation, unter Standardbedingungen mit dem 0,5L Batch Aufbau durchgeführt. [Aus: Experiment KW067]- 63 -

Abbildung 4-8: Zeitlich aufgelöste Extinktion (links) und Deposition (rechts) der Variation der Zugabe des Dimers. Die Reaktionen wurden unter Standardbedingungen mit dem 0,5L Batch Aufbau durchgeführt. [Aus: Experiment KW074] .... - 65 -

Abbildung 4-9: Resultierende Schichtdicke der CdS-Pufferschicht nach Abschluss der Reaktion gegenüber der zudosierten Konzentration an Formamidindisulfid. Die Reaktionen wurden unter Standardbedingungen mit dem 0,5L Batch Aufbau durchgeführt. [Aus: Experiment KW074] .... - 66 -

Abbildung 4-10: Abhängigkeit der Steigung Extinktion (oben) und der Deposition (unten) von der eingestellten Reaktionstemperatur. Die Reaktionen wurden unter Standardbedingungen mit dem 0,5L Batch Aufbau durchgeführt. [Aus: KW076] .... - 69 -

Abbildung 4-11: Linearisierte Auftragung der Extinktionssteigung (oben) und Depositionsrate (unten) nach Arrhenius. Zur Veranschaulichung wurden bei beiden Darstellungen zwei Regressionsgeraden für die oberen und unteren Werte angelegt. Die Reaktionen wurden unter Standardbedingungen mit dem 0,5L Batch Aufbau durchgeführt. [Aus: Experiment KW076] .... - 69 -

Abbildung 4-12: Verlauf der Extinktion bei Temperaturvariation über die Reaktionszeit. Die Reaktionen wurden unter Standardbedingungen mit dem 0,5L Batch Aufbau durchgeführt. [Aus: Experiment KW076] .... - 71 -

Abbildung 4-13: Depositionsverlauf der Temperaturvariation über die Reaktionszeit. Die Reaktionen wurden unter Standardbedingungen mit dem 0,5L Batch Aufbau durchgeführt. [Aus: Experiment KW076] .... - 72 -

Abbildung 4-14: Resultierende Schichtdicke am Ende des Prozesses über den Zeitpunkt des Extinktionsmaximums. Die Schichtdicke bei dem Punkt $t(E_{max}) = 50min$ ist noch nicht vollständig aufgebaut, da die Reaktion nicht nicht abgeschlossen war. Hier wird eine deutlich dickeren Schicht erwartet. [Aus: Experiment KW076] .... - 72 -

Abbildung 4-15: Kalibrierung der Extinktionsmessung. Aufgetragen ist die Extinktion über die eingesetzte Konzentration von Cadmiumacetat. Mittelwerte (links) und Maximalwerte (rechts) wurden bei einer 5min langen Messung ermittelt. Die Reaktionen wurden durch isotherme Bedingungen bei 71°C beschleunigt. [Aus: Experiment KW051] .... - 74 -

Abbildung 4-16: Wiederholte Kalibrierung. Aufgetragen ist die mittlere Extinktion über die eingesetzte Konzentration von Cadmiumacetat. Das Experiment wurde mit einer isothermen Reaktion bei 80°C durchgeführt. [Aus: Experiment KW059] .... - 75 -

Abbildung 4-17: Bildungsgeschwindigkeit der CdS-Moleküle und resultierende CdS-Schicht auf dem Substrat im Re-Bereich von 74 bis 13000. Aufgetragen ist die Steigung der Extinktion (schwarz) und die resultierende CdS-Schichtdicke (rot) über die eingestellte Re-Zahl. Die Reaktionen wurden unter Standardbedingungen mit dem 0,5L Batch Aufbau durchgeführt. [Aus: Experiment KW052] .... - 80 -

Abbildung 4-18: Depositionskurven bei unterschiedlich eingestellten Re-Zahlen über die Reaktionszeit. Die Reaktionen wurden unter Standardbedingungen mit dem 0,5L Batch Aufbau durchgeführt. [KW080] .... - 81 -

Abbildung 4-19: Extinktionskurven bei unterschiedlich eingestellten Re-Zahlen über die Reaktionszeit. Die Reaktionen wurden unter Standardbedingungen mit dem 0,5L Batch Aufbau durchgeführt. [KW080] .... - 81 -

Abbildung 4-20: Korrelationen im hydrodynamisch abhängigen System. Aufgetragen sind die resultierende CdS-Schichtdicke (oben) und der maximale Extinktionswert (unten) über die eingestellte Re-Zahl. Die Reaktionen wurden unter Standardbedingungen mit dem 0,5L Batch Aufbau durchgeführt. [KW080] .... - 82 -

Abbildung 4-21: Abbruchreaktion eines ES-Thioharnstoffes. Aufgetragen ist die resultierende Schichtdicke nach dem Abbruch der Reaktion über die Reaktionszeit. Die Schichten wurden optisch geschätzt (grau) und mit einem Reflektometer gemessen (schwarz umrandet). Schichten unter 30nm konnten nicht mehr gemessen werden, sodass dort nur eine Schätzung vorliegt. Zum Vergleich wurde die Extinktionsmessung der Reaktion mit 120min aufgetragen (schwarz). Der Verlauf der Extinktionen war bei allen Reaktionen identisch und ist im Anhang in der Abbildung 0-2 dargestellt. Die Reaktionen wurden unter Standardbedingungen mit dem 0,5L Batch Aufbau durchgeführt. [Aus: Experiment KW058] .... - 83 -

Abbildung 4-22: Extinktionskurven bei Abbruchreaktionen eines LS-Thioharnstoffes. Die Reaktionen wurden unter Standardbedingungen mit dem 0,5L Batch Aufbau durchgeführt. [Aus: Experiment KW063] .... - 84 -

Abbildung 4-23: Resultierende CdS-Schichtdicke nach dem Abbruch der Reaktion beim LS-Thioharnstoff über die Reaktionszeit. Zeitliche Depositionsentwicklung in Abhängigkeit vom Zeitpunkt des Extinktionsmaximums. Die Reaktionen wurden unter Standardbedingungen mit dem 0,5L Batch Aufbau durchgeführt. [Aus: Experiment KW063] .... - 84 -

Abbildung 4-24: Resultierende maximale CdS-Schichtdicke über den Zeitpunkt des Extinktionsmaximums. Die Reaktionen wurden unter Standardbedingungen mit dem 0,5L Batch Aufbau durchgeführt. [Aus: Experiment KW063] .... - 85 -

Abbildung 4-25: Extinktion (oben) und Deposition (unten) über die Reaktionszeit. Die Reaktionen wurden unter Standardbedingungen, jedoch mit unterschiedlichen NH_3-Konzentrationen und mit dem 0,5L Batch Aufbau durchgeführt.[Aus: Experiment KW072] .... - 86 -

Abbildung 4-26: Extinktion über die Reaktionszeit. Während der Reaktion entstanden ohne sichtbaren Einfluss Extinktionssprünge. Die Reaktion wurde unter Standardbedingungen mit dem 0,5L Batch Aufbau durchgeführt. [Aus: Experiment KW058] .... - 87 -

Abbildung 4-27: Extinktion über die Reaktionszeit. An vier Stellen wurde äußere Beeinflussung durch Ultraschall erzwungen. Die schraffierten Flächen geben den Zeitpunkt und die Dauer der Beschallung an. Die Reaktion wurde unter Standardbedingungen mit dem 0,5L Batch Aufbau durchgeführt. [Aus: Experiment KW066] .... - 88 -

Abbildung 4-28: Zeitliche Darstellung der Extinktionskurven bei verschieden eingestellten Reaktionsvolumina. Die Reaktionen wurden unter Standardbedingungen mit dem 0,5L Batch Aufbau durchgeführt. [Aus: Experiment: KW077]- 90 -

Abbildung 4-29: Zeitliche Darstellung der Deposition bei verschieden eingestellten Reaktionsvolumina. Die Reaktionen wurden unter Standardbedingungen mit dem 0,5L Batch Aufbau durchgeführt. [Aus: Experiment: KW077]- 91 -

Abbildung 4-30: Resultierende CdS-Schichtdicke nach der Reaktion über das berechnete und eingestellte Volumen/Fläche-Verhältnis [Aus: Experiment KW077] .. - 92 -

Abbildung 4-31: Schichtdicke am Ende des Prozesses über die Menge an zugegebenen CdS. Die Werte der Abszisse zeigen das Vielfache der eingesetzten Standardkonzentration von Cadmium aus einer Vorreaktion. Dieser Lösung wurden anschließend 5ml entnommen und einer frischen Reaktion unter Standardbedingungen zugefügt. Die Reaktionen wurden unter

Standardbedingungen mit dem 0,5L Batch Aufbau durchgeführt. [Aus: Experiment KW070] .... - 93 -
Abbildung 4-32: TEM Bilder einer CdS-Schicht auf Molybdänuntergrund nach einer Depositionsdauer von 10min [Aus: Experiment KW062] .... - 95 -
Abbildung 4-33: TEM Bilder einer CdS-Schicht auf Molybdänuntergrund nach einer Depositionsdauer von 30min (links) und 120min (rechts). [Aus: Experiment KW062] .... - 95 -
Abbildung 4-34: REM Bilder einer auf Molybdän abgeschiedenen CdS-Schicht. Die CdS-Schicht wurde mit ES-Thioharnstoff (links) mit acht Prozessen beschichtet, und mit LS-Thioharnstoff (rechts) mit vier Prozessen beschichtet. [Aus: Experiment KW056] .... - 96 -
Abbildung 4-35: XRD-Messung von zwei CdS Proben. Die CdS-Schicht wurde mit ES-Thioharnstoff (schwarz) und LS-Thioharnstoff (grau) erstellt. Der erwartete Peak für CdS liegt bei 2Θ=26. Ein Unterschied zwischen den beiden Thioharnstoff-Chargen ist nicht zu erkennen. [Aus: Experiment KW056] .... - 97 -
Abbildung 5-1: Extinktionskurve der CdS-Reaktion im CBD Prozess bei Wellenlängen zwischen 300nm und 900nm, wie sie bei einem isothermen Prozess bei Standardbedingungen über einen längeren Zeitraum bis zu 120min beobachtet wird. Die Zeit ist in vier Phasen aufgeteilt. Phase I: Reaktionshemmung, Phase II: Chemische Reaktion der CdS-Bildung, Phase III: Clusterbildung und Clusterwachstum, Phase IV: Clusteragglomeration zu Nanopartikel. .... - 100 -
Abbildung 5-2: Leitfähigkeitskurve der CdS-Reaktion im CBD Prozess, wie sie bei einem idealen isothermen Prozess über einen längeren Zeitraum bis zu 60min beobachtet wird. Die Zeit ist in vier Phasen aufgeteilt. Phase I: Reaktionshemmung, Phase II: Chemische Reaktion der CdS-Bildung, Phase III: Clusterbildung und Clusterwachstum, Phase IV: Clusteragglomeration zu Nanopartikel. .... - 101 -
Abbildung 5-3: Depositionskurve der CdS-Reaktion im CBD Prozess, wie sie bei einem isothermen Prozess über einen längeren Zeitraum bis zu 60min beobachtet wird. Die Zeit ist in vier Phasen aufgeteilt. Phase I: Reaktionshemmung, Phase II: Chemische Reaktion der CdS-Bildung, Phase III: Clusterbildung und Clusterwachstum, Phase IV: Clusteragglomeration zu Nanopartikel... - 102 -
Abbildung 5-4: Diffusionsbezogener Konzentrationsgradient an der Grenzschicht zwischen einer flüssigen und festen Phase. Von Links nach Rechts nimmt die Grenzschicht durch höhere Rührung ab und damit die Konzentration der Edukte an der Substratoberfläche zu. .... - 106 -
Abbildung 5-5: Zeitliche Auflösung der Extinktion (oben), Deposition (mitte) und Leitfähigkeit (unten). Die Reaktionen wurden unter Standardbedingungen mit dem 0,5L Batch Aufbau durchgeführt. [Aus: Experiment KW079] ..... - 107 -
Abbildung 5-6: Vermutete zeitlich aufgelöste Clusterbildung im Vergleich zu der Extinktion (oben) und der Leitwert-Messung (unten). Die Reaktionen wurden unter Standardbedingungen mit dem 0,5L Batch Aufbau durchgeführt. [Aus: Experiment KW079] .... - 109 -
Abbildung 5-7: Vermutete zeitlich aufgelöste Clusterbildung im Vergleich zu der Extinktion (oben) und der Deposition (unten). Die Reaktionen wurden unter

Standardbedingungen mit dem 0,5L Batch Aufbau durchgeführt. [Aus: Experiment KW079] .... - 110 -
Abbildung 5-8: Zeitlich aufgelöster Verlauf der Extinktion und Deposition einer Reaktion unter Einfluss von Ultraschall. Die Reaktionen wurden unter Standardbedingungen mit dem 0,5L Batch Aufbau durchgeführt. [Aus: Experiment KW078] .... - 111 -
Abbildung 5-9: Sequenzielle Darstellung des Reaktionsnetzwerkes im CBD. Reaktionen in der Mutterlauge (dunkel grau, links) und die Depositionsmodelle (hell grau, rechts). Anhand der bisherigen Ergebnisse und der zugrunde liegenden Diskussion konnten die Modelle der ion-by-ion und cluster-by-cluster Deposition ausgeschlossen werden. .... - 113 -
Abbildung 5-10: Extinktionskurve der CdS-Reaktion im CBD Prozess, wie sie bei einem isothermen Prozess bei Standardbedingungen über einen längeren Zeitraum bis zu 120min beobachtet wird. Die Zeit ist in vier Phasen aufgeteilt. Phase I: Reaktionshemmung, Phase II: Chemische Reaktion der CdS-Bildung, Phase III: Clusterbildung, Phase IV: Clusteragglomeration zu Nanopartikel. .... - 114 -
Abbildung 5-11: Depositionsrate über die eingesetzte Konzentration der Dimere (links) und Steigung der Extinktion über die eingesetzte Konzentration der Dimere (rechts). Dabei wurde der LS-Thioharnstoff mit $0\mu mol/l$ Dimeren angenommen und ES mit $6\mu mol/l$. Die Reaktionen wurden unter Standardbedingungen mit dem 0,5L Batch Aufbau durchgeführt. [Aus: Experiment KW081 und KW082] .... - 121 -
Abbildung 5-12: Resultierende CdS-Schichtdicke am Ende des Prozesses über die eingesetzte Konzentration der Dimere. Dabei wurde der LS-Thioharnstoff mit $0\mu mol/l$ Dimeren angenommen und ES mit $6\mu mol/l$. Die Reaktionen wurden unter Standardbedingungen mit dem 0,5L Batch Aufbau durchgeführt. [Aus: Experiment KW081 und KW082] .... - 122 -
Abbildung 5-13: Vorgeschlagener Mechanismus der Reaktion der Dimere in CBD bei der CdS-Bildung. Die Reaktion verläuft zyklisch. Dabei wird zuerst das Dimer von Cd-Ionen angegriffen (1). Durch die Spaltung der reaktiven S-S Bindung entsteht das erwünschte Produkt CdS und das Nebenprodukt Harnstoff ($3\rightarrow 4$). Durch die Vorlage von Thioharnstoff kann sich so erneut das Dimer bilden ($2'\rightarrow 5\rightarrow 1$) und steht für einen erneuten Reaktionszyklus bereit. .... - 123 -
Abbildung 5-14: Vorgeschlagene Abbruchreaktion des Dimer-Moleküls in basischer Lösung. - 124 -
Abbildung 5-15: Absorptionsmessung bei einer Wellenlänge von 254nm nach einer Trennung mittels der HPLC. Eluent: Ethylendiamin (1,5mM) und HNO_3 (3mM). Als Referenz wurde das Dimer in wässriger Lösung bei Raumtemperatur und 2h bei 60°C erwärmt hergestellt. Weitere Referenzen sind 1M NH_3 und 1M NaOH. Die Proben bestanden aus Dimer + 1M NaOH sowie Dimer + 1M NH_3. Beide Proben wurden bei 60°C 2h lang erwärmt. .... - 125 -
Abbildung 5-16: Linearisierung nach Arrhenius. Aufgetragen ist die logarithmierte effektive Reaktionsgeschwindigkeitskonstante der Deposition über die inverse Temperatur. Die lineare Regression soll deutlich machen, dass eine Hemmung durch Stofftransport bei höheren Temperaturen für die geringere Reaktionsgeschwindigkeitskonstante verantwortlich ist. [Aus: Experiment KW076] .... - 127 -

Abbildung 5-17: Zeitlich aufgelöste Extinktionskurven der Variation der Thioharnstoff-Konzentration (oben links) sowie der Cadmium-Konzentration (oben rechts) und Ammoniak-Konzentration (unten). Reaktionen wurden abgesehen von der Konzentrationsvariation unter Standardbedingungen mit dem 0,5L Batch Aufbau durchgeführt. [Aus: Experiment KW067] ..... - 131 -

Abbildung 5-18: Anlagerung der Cadmiumionen an das Dimer Formamidindisulfid. Mögliche Erklärung für die Anfangshemmung der Reaktion durch eine schnellere Anlagerung des Cadmiumions an das Formamidindisulfid vor der Abspaltung von Wasser. .... - 132 -

Abbildung 5-19: Schichtdicke am Ende des Prozesses über die Menge an zugegebenen CdS. Die Werte der Abszisse geben das Vielfache der eingesetzten Standardkonzentration von Cadmium aus einer Vorreaktion. Dieser Lösung wurden anschließend 5ml entnommen und einer frischen Reaktion unter Standardbedingungen zugefügt. Die Reaktionen wurden unter Standardbedingungen mit dem 0,5L Batch Aufbau durchgeführt. [Aus: Experiment KW070] .... - 137 -

Abbildung 5-20: Darstellung der Extinktion, der Deposition sowie des Leitwerts über die Reaktionszeit. Kurze Striche: gemessene Extinktion. Kurze Striche: Mit dem Modell berechnete Konzentration der CdS-Moleküle und Partikel in der Lösung. Die Konzentration wurde in Extinktionswert umgerechnet. Kurze Striche mit langem Abstand: Mit QCM gemessene CdS-Schicht in $10^{-1}\mu m$. Kurze Striche mit langem Abstand: Mit dem Modell berechnete Konzentration von abgeschiedenen CdS. Konzentration wurde in die Einheit $10^{-1}\mu m$ umgerechnet. Lange Striche: Gemessene Leitfähigkeit der Lösung in mS/K. Lange Striche: Berechnete Konzentration der freien Cadmiumionen als Ionen und im Komplex. Die Konzentration wurde in die Einheit der Leitfähigkeit mS/K umgerechnet. Die Daten wurden bei Reaktionen unter Standardbedingungen mit dem 0,5L Batch Aufbau gemessen. .... - 141 -

Abbildung 5-21: SIMS von einem CIS-Absorber mit dem Puffermix. Markierte Senkrechte stellt die Grenzschicht zwischen dem Puffer und dem Absorber dar. Aufgetragen ist die Konzentration der einzelnen Elemente gegenüber der Tiefe der Probe. Die Achsenbeschriftung auf der linken Seite zeigt die Atomanzahl von Natrium an. Die Achsenbeschriftung auf der rechten Seite gilt für alle übrigen Elemente. .... - 145 -

Abbildung 5-22: Quantenausbeute einer CIS Zelle mit CdS-Puffer (grau) im Vergleich zu einer CIS-Zelle mit CdS/Zn(S,O) als Puffer (schwarz). .... - 147 -

Abbildung 0-1: Reproduzierbarkeit über mehrere Tage. Es wurden pro Tag je zwei Reaktionen unter Standardbedingungen und mit dem 0,5L Batch Aufbau durchgeführt. Dabei wurde sowohl der ES-Thioharnstoff als auch der LS-Thioharnstoff verwendet. [Aus: Experiment KW038] .... - 153 -

Abbildung 0-2: Zeitlich aufgelöster Verlauf der Extinktion aller Reaktionen zu Abbildung 4-21. .... - 153 -

Tabellenverzeichnis

Tabelle 3-1: Ermittelte Steigungen aus Abbildung 3-8 und die daraus resultierende Standardabweichung. In der letzten Spalte ist die relative Standardabweichung von der jeweiligen Steigung angegeben. .... - 42 -

Tabelle 3-2: Ermittelte Steigungen zu Abbildung 3-10 sowie die Standard- und die relativen Abweichungen für Werte vom gleichen Tag, wie auch für Werte von allen Tagen. Die Standardabweichung vom gleichen Tag gibt die Steigungsunterschiede des gleichen Tages an. Die relativen Abweichungen vom gleichen Tag geben den prozentualen Wert der Standardabweichung zu der jeweils ermittelten Steigung. Die weitere Position der Standardabweichung der Ansätze gibt die Standardabweichung der Steigungen in Abhängigkeit vom ersten Versuch eines neuen Ansatzes wieder. Die relative Abweichung gibt entsprechend die prozentuale Abweichung von der jeweiligen Steigung an.- 44 -

Tabelle 4-1: Berechnete Aktivierungsenergien für unterschiedliche Experimentaufbauten und unterschiedlich verwendete Thioharnstoff-Typen. Neben der internen Experimentnummer wird der Typ des Thioharnstoffes angegeben sowie der Reaktionsaufbau: MS = mit Substraten, OS = ohne Substrate, QCM = ohne Substrate mit Quarzschwingwaage [Aus: Experiment KW049, KW050, KW055, KW073 und KW076]... - 70 -

Tabelle 4-2: Ermittelte Stoßfaktoren anhand der berechneten Aktivierungsenergien aus Tabelle 4-1. Die Berechnung erfolgte mit der Extinktionssteigung bei 57°C Reaktortemperatur, bzw. 70°C eingestellter Manteltemperatur [aus: Experiment KW067]... - 76 -

Tabelle 4-3: Berechnete Volumen/Fläche-Verhältnisse bei verschieden eingesetzten Volumina. Es wurden sämtliche Oberflächen eines 0,5L Batch Aufbaus ohne Substrate und mit einer QCM Messung berücksichtigt. .... - 90 -

Tabelle 5-1: Komplexbildungskonstanten für Cadmium mit Hydroxidionen, Ammoniak und Thioharnstoff. [Ort93] .... - 117 -

Tabelle 5-2: Berechnete relative Konzentration der Cadmium-Komplexe in dem Reaktionsnetzwerk nach Verwendung der Gleichgewichtskonstanten [Ort93]. Konzentrationsgrundlage: Thioharnstoff: 0,185mol/l, Cadmiumacetat: 0,001238mol/l, pH: 11,75 bei 20°C, Ammoniak 0,5mol/l .... - 118 -

Tabelle 5-3: Berechnete relative Konzentration der Cadmium-Komplexe in dem Reaktionsnetzwerk nach Verwendung der Gleichgewichtskonstanten [Ort93]. Konzentrationsgrundlage: Thioharnstoff: 0,185mol/l, Cadmiumacetat: 0,001238mol/l, pH: 11,75 bei 20°C, Ammoniak 1mol/l .... - 118 -

Tabelle 5-4: Berechnete relative Konzentration der Cadmium-Komplexe in dem Reaktionsnetzwerk nach Verwendung der Gleichgewichtskonstanten [Ort93]. Konzentrationsgrundlage: Thioharnstoff: 0,185mol/l, Cadmiumacetat: 0,001238mol/l, pH: 11,75 bei 20°C, Ammoniak 1,5mol/l .... - 118 -

Tabelle 5-5: Reaktionsbedingungen, die daraus resultierende Reaktionsgeschwindigkeit sowie die resultierenden Depositionsmodelle verschiedener kinetischer Untersuchungen. Die Konzentration von NH_3 bei Gruppe um Voss wurde zusammengesetzt aus NH_3 und NH_4Cl. Reaktionsgeschwindigkeit wurde berechnet mit $k_{CdS,\infty} = 6{,}6 \cdot 10^{26}$, $Ea = 164 kJ/mol$ .... - 143 -

Tabelle 5-6: Die Maximalwerte der besten Zelle sowie der Medianwert über 12 Zellen bei unterschiedlichen Pufferschichten. .... - 146 -

Tabelle 0-1: Ermittelte Steigungen zu Abbildung 0-1 sowie die Standard- und die relativen Abweichungen für Werte vom gleichen Tag, wie auch für Werte aus allen Tagen für beide Thioharnstoff-Typen. Die Standardabweichung vom gleichen Tag gibt die Steigungsunterschiede des gleichen Tages an. Die relativen Abweichungen vom gleichen Tag geben den prozentualen Wert der Standardabweichung zu der jeweils ermittelten Steigung. Die weitere Position der Standardabweichung der Ansätze gibt die Standardabweichung der Steigungen in Abhängigkeit vom ersten Versuch eines neuen Ansatzes wieder. Die relative Abweichung gibt entsprechend die prozentuale Abweichung von der jeweiligen Steigung an. .... - 154 -

Abkürzungsverzeichnis

α	Gesamtkomplexkoeffizient
a	Aktivität [mol/l]
A_{dep}	Gesamtfläche der Deposition (Reaktorwand + Schlauchinnenwände + Küvette + Substrate oder QCM Sensor) (548,7cm² mit QCM)
A_{Zelle}	Fläche der Solarzelle [mm²]
AM	Maß für Weg des Lichts durch die Atmosphäre (engl. Airmass)
$\beta_{L,n}$	Komplexbildungskoeffizient, abhängig von der Art (L) und Anzahl (n) der Liganden
CBD	Nasschemische Deposition (engl. Chemical Bath Deposition)
CdS_l	CdS in der Lösung (Moleküle, Cluster und Nanopartikel)
CIS	Chalkopyrit, bestehend aus Kupfer, Indium und Schwefel
d	Schichtdicke der CdS-Deposition am Ende der Reaktion [nm]
E_A	Aktivierungsenergie [J/mol]
ES	early starter, eigene Definition der Thioharnstoff-Charge, bei der die Extinktion schnell beginnt. Die resultierenden CdS-Schichten sind gegenüber dem LS dünn.
E_λ	Extinktionswert bei definierter Wellenlänge
f	Aktivitätskoeffizient
FF	Füllfaktor [%]
η	Viskosität [kg/m/s]
η_{el}	Wirkungsgrad [%]
HZB	Helmholtz-Zentrum Berlin ehemalig Hahn-Meitner-Institut (HMI)
Jsc	Kurzschlussstromdichte
k_∞	Stoßfaktor, bei n-fach abhängigen Reaktionen [$(l/mol)^{n-1}s^{-1}$]
$k_{CdS,\infty}$	Stoßfaktor der CdS-Molekülbildung [mol/l/s]
$k_{dep,\infty}$	Stoßfaktor der CdS Deposition [mol/l/s]
k_{dep}	temperaturabhängige Reaktionsgeschwindigkeitskonstante für die CdS-Deposition [mol/l/s]
$k_{eff,dep}$	effektive temperaturabhängige Reaktionsgeschwindigkeitskonstante für die CdS-Deposition [mol/l/s]
$k_{cluster}$	temperaturabhängige Reaktionsgeschwindigkeitskonstante für die CdS-Clusterbildung und Clusterwachstum. Bei n-fach abhängigen Reaktionen [$(l/mol)^{n-1}s^{-1}$]
k_{CdS}	temperaturabhängige Reaktionsgeschwindigkeitskonstante für die CdS-Molekülbildung [mol/l/s]
l	Länge [m]
λ	Wellenlänge [m]
L	Ligand
LP	Löslichkeitsprodukt, bei n Produkten [mol^n/l^n]
LS	late starter, eigene Definition der Thioharnstoff-Charge, bei der die Extinktion langsam beginnt. Die resultierenden CdS-Schichten sind gegenüber dem ES dick.
m	Masse der CdS-Schicht [kg]
M	Molmasse [g/mol]

n_{Cd}	Stoffmenge der Unterschusskomponente Cadmium, damit auch die maximal mögliche Stoffmenge der CdS-Moleküle
n_{dep}	Stoffmenge der abgeschiedenen CdS-Moleküle
P	Leistung [W]
PL1	Prozesslösung 1, besteht aus ammoniakalischer Cadmiumacetatlösung
PL2	Prozesslösung 2, besteht aus wässriger Thioharnstoff-Lösung
ρ	Dichte [g/cm^3]
QCM	Quarzmikrowaage (engl. Quarz Crystal Microbalance)
R	Gaskonstante [J/mol·K]
r_{CdS}	Reaktionsgeschwindigkeit für die CdS-Molekülbildung [mol/l/s]
r_{dep}	Reaktionsgeschwindigkeit für die CdS-Deposition [mol/cm^2/s]
$r_{eff,dep}$	effektive Reaktionsgeschwindigkeit für die CdS-Deposition [mol/cm^2/s]
$r_{cluster}$	Reaktionsgeschwindigkeit für die Clusterbildung und Clusterwachstum [mol/l/s]
Re	Reynolds Zahl
REM	Rasterelektronenmikroskopie
κ	elektrische Leitfähigkeit [S/m]
S_{dep}	Selektivität bezogen auf das gewünschte Produkt der Deposition [%]
SCG	Sulfurcell Solartechnik GmbH
T	Temperatur [K]
t	Zeit [min]
TEM	Transmissionselektronenmikroskopie
u	charakteristische Geschwindigkeit [m/s]
V_{OC}	Leerlaufspannung [V]
V_{PL}	Volumen der Prozesslösung [l]
$\dot{V}$	Volumenstrom [l/s]

1 Einleitung

Der primäre und sekundäre Energieverbrauch steigt mit dem Fortschritt der Industrialisierung, sowie mit der technologischen Entwicklung, immer weiter an. Mit dem Übergang der Schwellenländer wie China und Indien in den Status eines Industrielandes kann angenommen werden, dass der gegenwärtig steil ansteigende Energieverbrauch [Hah09] in der nächsten Zeit bleibt oder sogar noch zunehmen wird [Eif07] [Niz09]. Die Energie wird zurzeit zu 10% aus erneuerbaren Energien gewonnen, die übrigen 90% werden durch Ausbeutung der fossilen Brennstoffe gedeckt [Ene06]. Damit die Treibhausgase wie CO_2 reduziert werden, wäre, anstatt der Verbrennung der fossilen Energieträger, die effektive Nutzung von langlebigen Energiequellen, wie z.b. der Sonne, vorteilhafter [Nit00]. Neben der Nutzung der Windkraft, Erdwärme und Wasserkraft als indirekte Energie der Sonneneinstrahlung, wird ebenfalls die direkte Umwandlung der Sonnenenergie in Strom genutzt [Ram03]. Der Beitrag zur direkten Nutzung der Sonnenenergie wird durch den Bereich der Photovoltaik abgedeckt [Sch07]. Einen Teil der Photovoltaik bilden die Halbleiter auf Basis einer Chalkopyritschicht[1] [Lux01] [Cho82] [Fuh00] [Mar86].

Bei der Herstellung der Dünnschicht-Halbleiter auf Chalkopyritbasis, sind im engeren Sinne zwei Schichten notwendig, die p dotierte Chalkopyritschicht (hier bestehend aus Kupfer, Indium und Schwefel) und die n dotierte ZnO Schicht, die auch als Fensterschicht bezeichnet wird [Gor07]. Für eine bessere Leitfähigkeit und Kontaktierung liegt die Kupfer-Indium-Disulfid (CIS)-Schicht auf einem Metall, vorzugsweise Molybdän. Zwischen den beiden dotierten Schichten wird noch eine aus Cadmiumsulfid bestehende Pufferschicht aufgetragen. Diese wird in einem nasschemischen Verfahren (nachfolgend als CBD – Chemical Bath Deposition genannt) in wenige Nanometer dicken Schichten auf die aus CIS bestehenden Absorber aufgetragen [Fur98] [Ull04].

Trotz bestehender Bemühungen alternative Beschichtungsverfahren zu entwickeln, ist das nasschemische Verfahren derzeit noch das am häufigsten kommerziell genutzte und effizienteste Verfahren [Har05] [Nak01]. Parallel hierzu wird versucht, die cadmiumhaltige Pufferschicht durch andere Metalle, die weniger gefährlich für die Umwelt sind, zu substituieren [Enn09]. Obwohl viele Alternativen möglich sind, scheint das Cadmium in der

---
[1] Gleiche Kristallstruktur wie das Chalkopyrit ($CuFeS_2$)

Pufferschicht momentan noch die beste Leistung aus der CIS-Solarzelle hervorzubringen, sodass die Deposition von CdS seit Jahren das am häufigsten genutzte Verfahren in der Dünnschichtphotovoltaik ist [Har05]. Der Mechanismus des Beschichtungsverfahrens wurde in der Vergangenheit wiederholt untersucht [Kau80] [Ort93] [Fro95] [Kos00] [Pen00] [Vos04]. Anhand unterschiedlicher Reaktionsbedingungen entstanden aus den erzielten Ergebnissen verschiedene Modelle für die Beschreibung des Depositionsmechanismus, angefangen bei einer heterogenen Reaktion der Edukte an der Feststoffoberfläche (ion-by-ion Modell) [Kau80] [Ort93] bis zur Deposition von Molekülen (molecule-by-molecule Modell) und Partikeln (cluster-by-cluster Modell) [Vos04]. Da viele Publikationen mit den unterschiedlichen Daten veröffentlicht wurden und bis heute keine eindeutige Auswahl eines Modells erfolgte, bestehen die Depositionsmodelle immer noch nebeneinander [Sou07].

An dieser Stelle knüpfen die Untersuchungen dieser Arbeit an. Damit das Verfahren möglichst schonend und unter minimalem Einsatz von Ressourcen benutzt werden kann, soll die Kinetik der CdS-Bildung im nasschemischen Prozess untersucht werden. Mit Hilfe der Erkenntnisse aus der kinetischen Untersuchung soll ein eindeutiges Modell der Reaktion und der Deposition entwickelt werden, welches sich auf alle bisher beobachteten Phänomene während der nasschemischen Abscheidung anwenden lässt. Das Modell der Deposition soll weiterhin mit dem Verhalten des gesamten Reaktionsnetzwerkes verglichen werden. Die daraus gewonnenen Erkenntnisse sollen das Potenzial der Optimierung wie z.B. Reduzierung der Edukte oder die selektive Steuerung der Reaktion ermöglichen. Dank dem Reaktionsverständnis soll weiteres Potenzial der Nutzung und Optimierung entwickelt werden und damit zu einer Umsetzung von und bei neuen Technologien dienen.

Diese Arbeit gliedert sich wie folgt:

In Kapitel 2 wird nach der ausführlichen Darstellung des Aufbaus einer Solarzelle auf das Reaktionsnetzwerk näher eingegangen. Dabei werden alle bisher öffentlich kommentierten Depositionsmodelle vorgestellt. Im weiteren Verlauf des Kapitels werden die analytischen Methoden vorgestellt, die während der Arbeit angewandt wurden. In darauf folgenden Kapitel 3 wird der experimentelle Aufbau erörtert sowie Experimente und Untersuchungen vorgestellt, welche die analytische Grundlage und Genauigkeit der spektroskopischen Methode darstellen. Weiterhin wird in diesem Kapitel auf die Reinheit eines Eduktes, Thioharnstoff, eingegangen und auf deren Auswirkung auf die Kinetik der CdS-Bildung. In Kapitel 4 werden die Experimente für die kinetischen und Untersuchungen durchgeführt wie auch Experimente zur Schichtuntersuchung und zur möglichen Steuerung der Selektivität. Anschließend werden sämtliche Ergebnisse in Kapitel 5 verglichen und interpretiert. Hierfür werden in erster Linie die Messergebnisse interpretiert und auf deren Sinn und den wissenschaftlichen Wert überprüft. Nach einem Ausschlussverfahren wird ein Modell identifiziert und darauf folgend die Kinetik der Reaktion beschrieben. Für das Verständnis der Reaktionen im Gesamtsystem werden die ersten drei Reaktionen zwecks einer selektiven Reaktionssteuerung genauer untersucht und unterschiedliche Parameterveränderungen erörtert. Das Modell sowie die kinetischen Ergebnisse der CdS-Bildung werden in einem Simulationsprogramm integriert. Die Ergebnisse aus den Simulationsrechnungen werden mit den realen Ergebnissen verglichen. Anschließend wird das kinetische Modell auf die Ergebnisse in der Literatur angewendet und mit den unterschiedlichen Beobachtungen, die zu verschiedenen Modellen beigetragen haben, verglichen und diskutiert. Zum Abschluss wird durch den kinetischen Vergleich zur Zn(S,O) Deposition die Entwicklung eines neuen Puffers dargestellt und dessen Potenzial näher beschrieben. In Kapitel 6 werden die Ergebnisse dargestellt und bezugnehmend auf die Aufgabenstellung erörtert. Offene Themen und mögliche weitere Ansatzpunkte werden in Kapitel 7 angesprochen.

2 Grundlagen

In diesem Kapitel werden die Grundlagen erläutert, die für das Verständnis der Arbeit notwendig sind. Neben dem allgemeinen Aufbau und dem Herstellungsverfahren eines Photovoltaikmoduls auf Basis der Chalkopytite, wird der Bereich der chemischen Deposition, mit dem sich diese Arbeit beschäftigt, näher beschrieben. Das in dieser Arbeit verwendete Abscheidungsverfahren von CdS wird nach der Vorstellung von alternativen Beschichtungssystemen mit diesen verglichen und eingegliedert. Im Anschluss werden die in den folgenden Kapiteln verwendeten analytischen Verfahren vorgestellt.

2.1 Arten von Solarzelle

Eine Solarzelle ist ein elektrisches Bauelement, welches Licht, in besonderem das sichtbare Lichtspektrum (λ=300-900nm), durch die Nutzung des photoelektrischen Effektes direkt in elektrische Energie umwandelt [Enn00]. Da mehrere Arten der Solarzelle existieren, werden sie anhand des Wirkungsgrades auf Zellenniveau (wenige mm²) und der großtechnischen Umsetzung (bei Sulfurcell Solartechnik GmbH bis zu 0,875m²) verglichen. Ein präziser Vergleich des in einer Solarzelle eingesetzten Materials lässt sich über die Leistungsdichte bestimmen. Bei der Leistungsdichte wird bei gleicher Einstrahlintensität die erzeugte Leistung pro Materialfläche oder Materialgewicht ermittelt und mit anderen Halbleitern verglichen.

Die Solarzellen der ersten Generation bestehen hauptsächlich aus dem Halbleitermaterial Silizium der 14. Gruppe. *„Der weitreichenden Bedeutung dieser Entdeckung wurde man sich aber erst Mitte des letzten Jahrhunderts bewusst, als 1954 die erste Solarzelle aus kristallinem Silizium zur Umwandlung von Licht in Elektrizität entwickelt wurde."* [Lux01]. Es gibt drei Gruppen, in die sich die Siliziumzellen unterteilen. Die monokristallinen Siliziumzellen sind die klassischen Solarzellen, die aus hochreinen Siliziumwafern bestehen [FAZ06], welche größtenteils nach dem Czochralski Verfahren [Eve03] hergestellt werden. Die Zellen erreichen mit einer Leistungsdichte von 20-50W/kg großtechnisch Wirkungsgrade über 20%. Eine weitere Form der Siliziumzellen ist die multikristalline Zelle. Mit einem geringeren Wirkungsgrad von 16% [Lux01] hat die Zelle bei vergleichbarer Leistungsdichte den Vorteil, dass sie nicht aus einem Einkristall besteht und somit das Herstellungsverfahren weniger anspruchsvoll und energetisch günstiger ist als die Einkristallsiliziumzellen. Beide Zellenarten zählen zu den dicken Solarzellen, d.h. die Schicht, welche das Licht absorbiert und in Strom wandelt, ist mehrere Millimeter dick.

Im Laufe der wirtschaftlichen Optimierung und der Suche nach neuen Materialien entstand die Dünnschichtsolarzelle. Der wesentliche Unterschied zu den dickeren Solarzellen liegt in der an der Umwandlung beteiligten Absorberschicht. Diese ist bei den Dünnschichtsolarzellen, wie der Name bereits sagt, bis zu 1000fach dünner. Die Zellen erreichen gegenwärtig nicht die hohen Wirkungsgrade der ein- und mehrkristallinen Siliziumzellen, so weist z. B. die auf amorphem Silizium basierende Solarzelle, die dritte Form der Si-Zellen, nur 5-7% Wirkungsgrad [Gre06], benötigt aber hierfür nur etwa ein Hundertstel an Absorbermaterial. Dieses ist beim Vergleich der Leistungsdichte mit 2000W/kg um das 50-100fache wirksamer [Lux01]. Weitere Dünnschichtsolarzellen bestehen aus Materialverbindungen der 13. und 15. Gruppe. Die am häufigsten kommerziell genutzte Solarzelle auf dieser Basis ist die GaAs Solarzelle. Die Zellen liefern einen hohen Wirkungsgrad von nahezu 30%. Tandemzellen mit mehreren Absorberschichten übereinander lieferten auf Zellenniveau einen Rekord von 41,1% Wirkungsgrad [Sch10]. Das verwandte Material GeAs zeigt zudem eine sehr hohe Strahlungsresistenz, sodass es wegen der hohen UV-Stabilität vorwiegend in der Raumfahrt verwendet wird. Durch die hohen Herstellungskosten konnte sich diese Solarzelle jedoch nicht in der breiten Feldnutzung etablieren [Lux01]. Die Leistungsdichte dieser Zellen liegt mit Tripelzellen bei 50W/kg mit einfachen monolithischen Zellen bei 1000W/kg [Wik10a]. Die nächste Dünnschichthalbleiterzellen basieren auf den Verbindungen der 12. und 16. Gruppe. Einen Vorteil bildet hierbei die kostengünstige Herstellung mit dem Galvanisierungsverfahren. Ein Beispiel für diese Gruppe stellt die CdTe Solarzelle dar [Ull04], welche im Jahr 2007 mittlere Wirkungsgrade von 10% lieferte. Trotz guter Eigenschaften und stabiler Verbindung bestehen bei diesen Solarzellen die Bedenken, dass Cadmium oder Tellur mit diesem Produkt verteilt wird. Die behördliche Akzeptanz wird durch immer strengere Regeln (wie z.B. REACH) eingegrenzt und die Produktion von Schwermetallen erschwert. Die letzten kommerziell genutzten Halbleiterzellen gehören zu den Chalkopyriten. Diese auf Elementen der 11. 13. und 16. Gruppe basierenden Halbleiterverbindungen kristallisieren in der Chalkopyritstruktur [Sch03], die als Namensgeber für die Verbindungen verwendet wurde. Es sind Verbindungen, die hauptsächlich aus der Variation der Verbindungen Kupfer, Indium oder Gallium und

Schwefel oder Selen[2] bestehen und nachfolgend als CIS[3] bezeichnet werden. Je nach Kombination liegen die großtechnischen Wirkungsgrade der Zellen um 13% (20% im Labormaßstab) und können durch die Kombination der fünf Elemente eine gute Anpassung der Bandlücke produzieren [Sch03]. Weitere Solarzellen bestehen aus organischen Verbindungen [Rie07], Farbstoffzellen oder Elektrolytzellen. Diese sind aber gegenwärtig noch nicht nutzbar und zeigen noch größere Probleme in der Kommerzialisierung [Pow07].

2.2 Herstellungsverfahren eines Dünnschicht-Solarmoduls auf Chalkopyritbasis bei der Fa. Sulfurcell

Bei der Fa. Sulfurcell Solartechnik GmbH (SCG) werden Dünnschichtsolarmodule auf Basis der Chalkopyrite hergestellt. Abbildung 2-1 zeigt den Aufbau eines auf CIS basierenden Moduls bei der Fa. Sulfurcell.

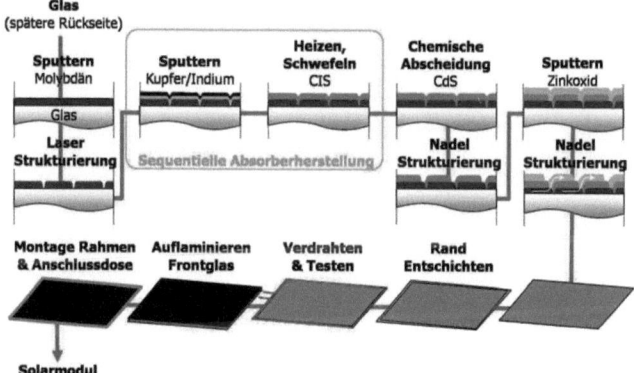

Abbildung 2-1: Schematische Darstellung des sequenziellen Herstellungsprozesses eines auf CIS basierenden Photovoltaik Moduls bei Fa. Sulfurcell Solartechnik GmbH. [Aus: Sulfurcell Solartechnik GmbH]

---

[2] Cu(In,Ga)(S,Se)
[3] In der Literatur wird unterschieden zwischen CIS-Kupfer/Indium/Schwefel, CIGS-Kupfer/Indium/Gallium/Schwefel und CIGSe-Kupfer/Indium und/oder Gallium / Schwefel und/oder Selen

Bei der Herstellung des Moduls wird als erstes das Trägermaterial, hier Glas, gereinigt und eine eindeutige Identifikationsnummer initiiert. Der anschließende Reinigungsprozess reinigt die Oberfläche, auf welche die erste Schicht des Mehrschichtsystems aufgetragen wird. Die erste Schicht besteht aus einem Metall, hier Molybdän, und wird mittels der Kathodenzerstäubung aufgetragen. Die Kathodenzerstäubung, auch als Sputterprozess bekannt und nachfolgend als Sputterprozess bezeichnet, ist eine physikalische Auftragung, bei der das zu beschichtende Material durch Elektronenbeschuss aus seinem Trägermaterial gelöst (zerstäubt) und anschließend auf die zu beschichtende Fläche beschleunigt wird [Mar86] [Kwi82]. Die Molybdänschicht wird in dem darauf folgenden Schritt mit einem Laser in gleich große Zellen längsseits des beschichteten Glases geschnitten. Die Strukturierung wird als P1 (engl. pattern) bezeichnet. Auf diese Weise wird die Strukturierung vorbereitet, die im Nachhinein für die Reihenschaltung von mehreren Zellen notwendig ist. Im darauf folgenden Prozess werden Kupfer und Indium nacheinander mit dem Sputterprozess auf die Molybdänschicht aufgetragen. Die beiden Metalle verbinden sich zu einer Cu_xIn_y-Legierung [Lin05], die den sogenannten Vorläufer (Precursor) des Absorbers bilden. Der Precursor reagiert anschließend in dem Sulfurisierungsprozess zu der aktiven Absorberschicht in der Chalkopyritstruktur mit dem Verhältnis von 1:1:2 (Cu:In:S). Die sequenzielle Herstellung der Absorberschicht wird oft zu einem Prozessschritt zusammengefasst. Für eine vollständige Umsetzung des Indiums wird das Kupfer im Überschuss zugegeben. Das überschüssige Kupfer, welches nicht in CIS gebunden ist, reagiert in dem Sulfurisierungsprozess zu CuS. Dieses wird in der Vorbehandlung für die chemische Nassdeposition von der CdS-Pufferschicht entfernt. Bei diesem Prozess wird das Substrat in eine basische Cyanidlösung eingetaucht, in der die Cu-Ionen über das Tetracyanocuprum-II-Komplex aus der Oberfläche entfernt werden (Gl. 2-1).

$$CuS + 4CN^- \rightarrow [Cu(CN)_4]^{2-} + S^{2-} \hspace{3cm} \text{(Gl. 2-1)}$$

Eine kupferarme bzw. indiumreiche Schicht resultiert [Web02]. Die darauf folgende Abscheidung von CdS als Pufferschicht wird nasschemisch durchgeführt. Die kinetische Untersuchung dieses Vorganges und die Erstellung des Depositionsmodells ist der Hauptteil der vorliegenden Arbeit und wird in Kapitel 2.4 näher beschrieben. Der chemischen Deposition folgt die weitere Strukturierung einer Reihenschaltung an Solarzellen. Die bereits aufgetragenen Schichten werden bis zur Molybdänschicht mechanisch durch Nadeln geritzt.

Die Strukturlinien werden als P2 Linien bezeichnet. Auf die nun strukturierte Oberfläche wird eine Zinkoxidschicht über einen Sputterprozess aufgetragen. Aufgrund ihrer Transparenz wird diese auch Fensterschicht genannt. Die endgültige Strukturierung (P3 Linien) einer Zellenreihe erfolgt durch eine erneute mechanische Ritzung der Schicht bis zur Molybdänschicht. Das Solarmodul ist nun im Grunde fertig, durch Lichteinstrahlung auf die Oberfläche entsteht nach dem Prinzip des photoelektrischen Effekts [Rin01] eine Potenzialdifferenz entlang der strukturierten Zellenreihe. Abbildung 2-2 zeigt die P1 bis P3 Strukturierung der Solarzellen, sowie einen Querschnitt einer Solarzelle.

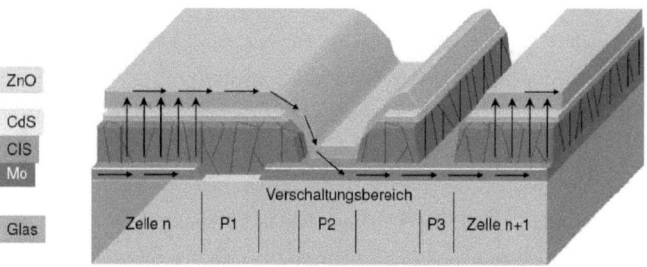

Abbildung 2-2: Schnittbild eines CIS-Solarmoduls mit der seriellen Strukturierung. Die Pfeile geben den Stromfluss durch die serielle Schaltung an. **[Tri10]**

Zur kommerziellen Nutzung und zum Schutz vor äußeren Einwirkungen, wird die aktive Oberfläche nach einer Kontaktierung mit einer Polymerfolie laminiert und mit einem Deckglas versehen. Durch die Vermessung der Strom-Spannungs-Kennlinien wird das Modul einer bestimmten Leistungsklasse zugeordnet, die Kontakte werden mit einer Dose versehen und das Modul wird wahlweise gerahmt[4].

2.3 Bedeutung der Pufferschicht in einer Solarzelle

Die Pufferschicht ist nicht aktiv an der Stromgewinnung beteiligt. Die Aufgabe der Trennung und des Potenzialaufbaus übernehmen die Absorberschicht CIS und die ZnO-Fensterschicht. Dennoch ist ein Puffer unerlässlich, da ohne diesen keine ausreichenden Leistungen erzielt

---

[4] Die Rahmung erfolgt bei gerahmten Modulen. Weitere Produkte sind: Rahmenloses Laminat und Dachintegrationsmodul.

werden. Die Notwendigkeit der Anwesenheit des Puffers wird oft mit den folgenden Punkten begründet:

- Die Pufferschicht ist eine physische Barriere zwischen dem ZnO und CIS. Gleichzeitig verhindert diese Barriere, dass bei evtl. auftretenden Löchern im Absorber (so genannte pin-holes) es zu keinen direkten Brücken zwischen ZnO und dem Rückkontakt Molybdän kommt, was zu einem Kurzschluss der Zelle führen würde.
- Die ZnO Deposition erfolgt über einen Sputterprozess. Dabei werden die ZnO Moleküle mit hohen Energien auf die Oberfläche des Substrats beschleunigt. Die Pufferschicht verhindert dabei, dass es durch den energiereichen Beschuss zu einer lokalen Reaktion zwischen ZnO und dem Absorber kommt[5].
- CdS zeigt eine gute Gitteranpassung an die darunter liegende Chalkopyritschicht. Durch die bessere Gitteranpassung an das CIS gegenüber dem ZnO kommt es zu einer minimalen Dichte an Grenzflächenzuständen und damit zu einem bessern Wirkungsgrad [Nie98] [Fur98]. *„Motivation ist die elektronisch vergleichsweise gute Bandanpassung zwischen CIS und CdS sowie die sehr ähnlichen Gitterkonstanten der zwei Materialien, welche zu einer geringen Defektkonzentration an dieser kritischen Grenzfläche beitragen. Im Vergleich dazu ist die elektronische und strukturelle Abstimmung von CIS direkt mit ZnO vergleichsweise schlecht."* [WiP09a]
- Durch die Komplexierung und Entfernung der Kupferionen aus der Chalkopyritschicht im vorangeschobenen Prozessschritt entsteht nahe der Oberfläche ein Cu-armer Bereich. In diesen diffundiert das Cadmiumion der Pufferschicht [Enn00]. Das Cadmium liefert diesem Bereich der Absorberschicht zusätzliche positive Ladung[6].

Trotz des positiven Effektes der aus CdS bestehenden Pufferschicht, sind zwei wesentliche Nachteile in dieser Verbindung vorhanden. Zum Ersten besteht die Pufferschicht aus dem Schwermetall Cadmium, welches durch die Anwendung in der Photovoltaik verbreitet wird. Trotz der stabilen sulfidischen Verbindung[7] und der Abgrenzung durch die angrenzenden Schichten bleibt es ein Schwermetall, sodass die öffentliche Akzeptanz zurückhaltend ist und

---

[5] Das Gegenargument hierfür ist aber die Tatsache, dass alternative Pufferschichten nicht die gleiche Leistung zeigen, wie Module mit CdS als Puffer. Demnach, falls diese Argumentation richtig sein sollte, ist sie nicht der einzige Grund für die Notwendigkeit der Pufferschicht.
[6] p-Dotierung
[7] Löslichkeitsprodukt liegt bei 10^{-28} mol^2/l^2 [Rie99]

auch voraussichtlich bleiben wird. Den zweiten Nachteil liefert die Bandlückenenergie von CdS. Diese liegt mit 2,42eV[8] [Kit05] im spektralen Bereich der Sonneneinstrahlung und reduziert somit die maximal mögliche Einstrahlung des Lichtes auf den Absorber. Ein geringerer Wirkungsgrad ist die Folge.

Beide Nachteile führten dazu, dass nach alternativen Puffermaterialien und Depositionsverfahren gesucht wird. Es sollte ein harmloserer Puffer mit einer möglichst nicht im VIS-Bereich liegenden Bandlücke gefunden werden.

2.4 Depositionsverfahren von Pufferschichten

Die im vorherigen Kapitel beschriebene nasschemische Deposition (CBD - Chemical Bath Deposition) ist kommerziell das am häufigsten genutzte Beschichtungsverfahren zur Bildung der Pufferschicht für Semikonduktoren. Bei diesem Verfahren wird die zu beschichtende Absorberfläche in eine wässrige Lösung eingetaucht, die hauptsächlich aus Ammoniak, Thioharnstoff und einem Cadmiumsalz[9] besteht. Ammoniak dient dabei als Puffer für den Erhalt eines basischen pH-Wertes und damit einer schnellen Zersetzung von Thioharnstoff [Kit74] [Mar72]. Desweiteren komplexiert er gleichzeitig Cadmiumionen, sodass die Reaktion kontrollierter erfolgt [Kau80] [Ort93]. In der Zeit, in der ein Substrat in der 60°C warmen Lösung eingetaucht ist, scheidet sich das Cadmiumsulfid auf der Oberfläche ab. Während des Depositionsprozesses wird die Prozesslösung zunächst transparent gelb, bis eine Trübung eintritt. Das Substrat wird anschließend mit Wasser gespült und mit Druckluft getrocknet. Das Resultat ist eine CdS-Schicht, die von da an als Puffer wirkt.

Dieses Depositionsverfahren bietet eine einfache Handhabung, dennoch stellt es den einzigen nassen Prozess während der Herstellung von einem Photovoltaikmodul dar. Alle übrigen Beschichtungsverfahren werden trocken durchgeführt (siehe auch Abbildung 2-1). Während der Suche nach alternativen Depositionsverfahren, wurden neben chemischen Mehrphasenreaktionen wie die CBD auch physikalische Depositionsverfahren entwickelt. Zu den Variationen der chemischen Mehrphasenreaktionen gehört unter anderem die CVD (chemical vapour deposition), bei der die Komponenten direkt aus der Gasphase an der Oberfläche reagieren [Wat04]. Eine kontrollierte Schichtauftragung bei den chemischen

---

[8] Bei 300K. Es entspricht einer Wellenlänge von 512nm
[9] Bei Sulfurcell: Cadmiumacetat

Verfahren bietet die ALD (atom layer deposition), welche die beiden Edukte wechselweise an der Oberfläche aufträgt. Somit wird der Puffer schichtweise aufgebaut [Pla09]. Ein vergleichbares Prinzip bietet der ILGAR Prozess mit einer heterogenen Gas-Feststoff Reaktion, bei dem die Schichten in einem Prozess schichtweise aufgebaut werden [All05]. Zu den physikalischen Depositionsverfahren werden u. a. die PVD (physical vapour deposition), die MBE (Molekularstrahlepitaxie), die MOCVD (organometallic chemical vapour deposition) oder die Spraypyrolyse gezählt [Yam07]. Einen scharfen Unterschied zwischen den beiden Depositionsvarianten gibt es jedoch nicht, da beide Methoden (chemische als auch physikalische Abscheidung) ineinander übergehen. So werden bei der MOCVD Moleküle verwendet, die erst miteinander reagieren müssen, bevor sie das eigentliche Produkt, ein MeS[10], an der Oberfläche abscheiden.

Bei der breiten Palette an alternativen Depositionsverfahren ist die nasschemische Deposition aufgrund der einfachen Verfahrensweise das kommerziell am häufigsten genutzte Verfahren geblieben. Die wirtschaftlichen Vorteile der CBD liegen auf der Hand. Neben dem einfachen Prozess sind die Energiekosten gering sowie die Materialbeschaffung der im Tonnenmaßstab hergestellten Edukte einfach. „*CBD is potentially a method for the deposition of thin films of ZnS. It is also a method free of many inherent problems...*" [OBr98]. Ebenfalls sind der Nachbau sowie die Kontrolle im Labormaßstab ohne weitere Probleme möglich. Der Nachteil liegt, wie bei allen chemischen Prozessen, an dem Überschuss der Edukten und der Selektivität der Reaktion in Bezug auf das gewünschte Produkt[11], sodass Abfälle dieser Reaktion aufbereitet und separat entsorgt werden müssen. Die unterschiedlichen Verfahren wurden unter anderem entwickelt, um alternative Puffer wirksam auf die Absorberschichten aufzutragen.

Die Schichtdicke der CdS-Pufferschicht beträgt ca. 50nm. Gegenüber der zur Stromgewinnung aktiven Gesamtschicht (ohne Glas und Laminat) handelt es sich um 1,6% der Schichtdicke. Da Cd ein Schwermetall ist und toxische Eigenschaften aufweist, bestehen trotzdem Bedenken. Sowohl Bedenken, dass ein toxischer Stoff mit dem Produkt verbreitet wird, als auch die sich erschließende Problematik der Entsorgung des Produktes in naher Zukunft machen Untersuchungen zu alternativen, weniger giftigen, Pufferschichten nötig [All05] [All07]. Des Weiteren ist davon auszugehen, dass die Akzeptanz Cd-freier Puffer größer ist und diese dadurch begehrter sein werden.

---

[10] Me = Zn, Cd, Mg, etc.
[11] Hier: Deposition von CdS auf Substratoberfläche

Als cadmiumfreie Alternativen sind Zink und Magnesium die Vorreiter [Enn98] [Min01] [Gri09]. Vor allem Zink ist in diesem Kontext herauszustellen, da die auf dem Puffer liegende Fensterschicht ebenfalls aus Zink besteht und der Puffer somit potenziell im gleichen Schritt wie die Fensterschicht aufgetragen oder evtl. ganz ausgelassen werden könnte. Des Weiteren verhält sich Zink nicht toxisch und weist eine größere Bandlücke auf. Die im Vergleich zu CdS gesteigerte Transparenz ermöglicht eine höhere Quantenausbeute, was zur Folge hat, dass der Wirkungsgrad theoretisch gesteigert werden kann.

Neben den genannten Vorteilen ist davon auszugehen, dass die Akzeptanz gesteigert werden kann und sich die Entsorgungsproblematik entschärft. Solarzellen mit den neuen Puffern erreichen bisweilen nicht die gleichen Wirkungsgrade wie Solarzellen mit CdS als Puffer, was aus dem wirtschaftlichen Blickpunkt einen erheblichen Nachteil bringt [Pla09]. Daher spielt CdS immer noch eine wesentliche Rolle und wird weiterhin als Hauptbestandteil des Puffers verwendet.

2.4.1 Depositionsmodelle

Die Deposition von CdS in einem nasschemischen Prozess wurde 1965 von Kitaev entwickelt und in der Einführungsphase der Dünnschichtsolarmodule untersucht [Kit65]. Trotz der Einfachheit des Prozesses ist der Mechanismus der Reaktion komplex und konnte bis heute nicht eindeutig entschlüsselt werden. Die Erklärung des Depositionsmechanismus geht von einer heterogenen Reaktion an der Oberfläche eines Substrates [Kau80] [Ort93], über eine molekulare Deposition [Kau80] bis zu einer Adsorption von Molekülclustern [Vos04]. Die drei Varianten der Deposition sind in Abbildung 2-3 dargestellt. Sie unterscheiden sich im Prinzip in der Größe der sich abscheidenden Teilchen und dem Reaktionsort der Edukte. Die erste grobe Trennung der Depositionsvarianten ist durch die Trennung der homogenen und heterogenen Reaktion möglich. Bei der heterogenen Reaktion handelt es sich um eine Zwei-Phasen Reaktion, bei der die Reaktanden aus der flüssigen Phase an die Oberfläche der festen Phase transportiert werden und dort anschließend miteinander reagieren. Bei der homogenen Reaktion handelt es sich streng genommen um eine Bildung des Produktes in der flüssigen Phase mit einer anschließenden Deposition auf eine Substratoberfläche.

In dieser Arbeit wird zwischen drei Größen von CdS unterschieden:

- Als CdS-Molekül wird das CdS als Molekül verstanden.
- Als CdS Cluster wird ein CdS-Partikel verstanden, der aus mehreren CdS-Molekülen besteht und in Korngröße bis zu 100nm groß ist.
- Als Nanopartikel werden alle anderen CdS Konglomerate verstanden, die sich aus Clustern bilden und deren Korngröße mehr als 100nm Durchmesser aufweisen.

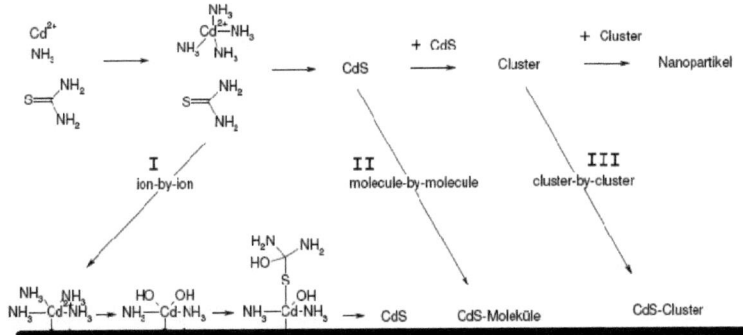

Abbildung 2-3: Reaktionen in CBD und an der Substratoberfläche (schwarzer Balken). **Oben:** Vermutete Reaktionen in der Mutterlauge, mit der Komplexierung des Cadmiumions durch Ammoniak, Reaktion zu CdS-Molekülen und anschließende Bildung der Cluster und weiteres Wachstum der Partikel bis zu Nanopartikeln. **Unten (von links nach rechts):** ion-by-ion Modell, nach welchem die Reaktion heterogen direkt an der Substratoberfläche stattfindet; molecule-by-molecule Modell, bei dem sich die frisch gebildeten CdS-Moleküle auf der Oberfläche abscheiden und cluster-by-cluster Modell, bei dem erst nach CdS-Molekülbildung und anschließender Bildung von Clustern eine Deposition der Cluster möglich ist.

Das erste Depositionsmodell (siehe I in Abbildung 2-3) umfasst eine heterogene Reaktion, auch als ion-by-ion Modell bezeichnet [Kau80]. Es handelt sich um eine Zwei-Phasen Reaktion des Eduktes ES-Thioharnstoff mit dem Ammincadmium-Komplex direkt an der Oberfläche des Substrates. Die Reaktion beinhaltet somit den Transport der zum großen[12] Teil als Komplex gebundenen Edukte an die Grenzschicht, die Diffusion der Edukte an die Oberfläche, die Adsorption sowie die Reaktion an der Oberfläche. Während die

---

[12] Vergleiche die Verteilung der Komplex-Konzentrationen in Tabelle 5-3.

Komplexliganden und die Nebenprodukte wieder abtransportiert werden, bleibt das Produkt an der Oberfläche haften.

Das zweite Depositionsmodell (siehe II in Abbildung 2-3) umfasst eine molekulare Deposition, auch als molecule-by-molecule Modell bezeichnet [Vos04]. Dabei handelt es sich um eine direkte Reaktion der Edukte Thioharnstoff und Cadmium zu CdS in der Lösung und den anschließenden Transport der Moleküle an die Grenzschicht, die Diffusion zu der Oberfläche sowie die Absorption und Keimbildung an der Oberfläche.

Das dritte Depositionsmodell (siehe III in Abbildung 2-3) beschreibt das Schichtwachstum von CdS-Molekülclustern und wird auch als cluster-by-cluster Modell bezeichnet [Fro95][13]. Das Modell umfasst als ersten Schritt die Reaktion der Edukte zu CdS-Molekülen in der flüssigen Phase. Die Moleküle wachsen anschließend in der Lösung zu Clustern, von wo sie durch den Diffusionstransport zur Grenzfläche transportiert und dort absorbiert werden.

Beide Reaktionsarten (homogene Reaktion mit anschließender Deposition und heterogene Reaktion) können nach weiteren Bedingungen aufgeteilt werden. Bei der heterogenen Reaktion, wird eine bimolekulare Oberflächenreaktion angenommen, wobei ein Molekül aus dem Tetraammincadmium-II-Komplex besteht. Diese Reaktion lässt sich mit zwei unterschiedlichen Modellen beschreiben. Das Eley-Rideal Modell geht davon aus, dass ein Molekül an der Oberfläche chemisorbiert, das andere Molekül reagiert direkt aus der flüssigen Phase[14] [Hug03].

Unter den weiteren Annahmen dass eine Chemisorption im Vergleich zu der Reaktion schnell verläuft und eine Reaktion zweiter Ordnung vorliegt, wird die Reaktionsgeschwindigkeit wie in Gl. 2-2 dargestellt.

$$r = k\Theta_A c_B \qquad (Gl.\ 2\text{-}2)$$

Mit

r = Reaktionsgeschwindigkeit

k = Temperaturabhängige Reaktionsgeschwindigkeitskonstante

c_B = Konzentration der Komponente B

und mit der Beschreibung der Chemisorption nach Langmuir

---

[13] Ursprünglich als „deposition of colloidal particles" bezeichnet [Kau80] [Ort93].
[14] Das Modell wurde auf eine Oberflächenreaktion aus der Gasphase entwickelt.

$$\Theta_A = \frac{K_A c_A}{1+K_A c_A}$$ (Gl. 2-3)

Ergibt sich die folgende Reaktionsgeschwindigkeit:

$$r = k \frac{K_A c_A c_B}{1+K_A c_A}.$$ (Gl. 2-4)

Dagegen geht das Langmuir-Hinshelwood Modell davon aus, dass zuerst beide Moleküle an der Oberfläche chemisorbieren, bevor die Bildung zu dem Produkt stattfinden kann [Hug03]. Mit der gleichen Beschreibung der Chemiesorption ergibt sich eine Reaktionsgeschwindigkeitsgleichung mit:

$$r = k \cdot \Theta_A \Theta_B = k \frac{K_A c_A K_B c_B}{(1+K_A c_A + K_B c_B)^2}.$$ (Gl. 2-5)

Bei sehr hohen Konzentrationsdifferenzen zwischen den beiden Edukten ($K_B c_B \gg K_A c_A + 1$) reduziert sich die Reaktionsgeschwindigkeitsgleichung auf:

$$r = k \frac{K_A c_A}{K_B c_B}.$$ (Gl. 2-6)

In diesem Fall nimmt die Geschwindigkeit ab, wenn die Konzentration des Edukt B erhöht wird.

Bei einer molekularen oder partikulären Deposition bestehen weitere drei mögliche Modelle, die beschreiben, wie sich die Keime auf der Oberfläche bilden. Das erste Keimbildungsmodell, als Frank-van-de-Merve-Wachstum bekannt [Wik10b], ist ein Modell, bei dem die Schicht Lage für Lage aufgebaut wird. Hierbei entsteht die Schicht in zweiter Reihe erst, wenn die erste Lage sich gebildet hat. Dieses hat zur Folge, dass die Schichten planar wachsen (siehe hierzu auch Abbildung 2-4, links).

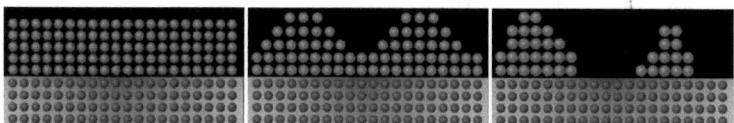

Abbildung 2-4: Darstellung der Depositionsmodelle nach Frank-van-de-Merve (**links**), bei dem die Oberfläche schichtweise gebildet wird, Stranski-Krastanov (**mitte**), bei dem die Oberfläche zu Beginn schichtweise gebildet wird und anschließend durch lokal nanoskopisch große Gebilde weiter wächst und Volmer-Weber (**rechts**), bei dem der Wachstum hauptsächlich durch lokale Deposition stattfindet. [Wik10b]

Eine Modifizierung dieses Modells wurde mit dem Stranski-Krastanov-Wachstums Modell eingeführt [Wik10b]. Demnach wachsen die ersten Lagen nach dem Frank-van-de-Merve-Wachstum schichtweise, anschließend bilden sich durch lokal bevorzugte Deposition sogenannte Quantenpunkte. Diese Quantenpunkte stellen nanoskopisch eingeschränkte Gebilde aus typischerweise 10^4 Einheiten dar, die durch ihre eingeschränkte Beweglichkeit nur diskrete Energiewerte annehmen können. Eine Planarität der Oberfläche wird nicht mehr erreicht (siehe hierzu auch Abbildung 2-4, mitte).

Das Volmer-Weber-Wachstums Modell hingegen geht davon aus, dass die Adhäsion an der neuen Schicht größer ist als an der reinen Oberfläche [Wik10b]. Demnach bilden sich wie bei dem Stranski-Krastanov-Wachstums Modell lokal hohe Inseln, die in übergeordnete Struktur der Nanopartikeln übergehen.

Die vorgestellten drei Depositionsmodelle sollen nun mit Hilfe von ausgewählten Experimenten untersucht und verglichen werden. Das Ziel dabei ist, die vorhandenen Depositionsmodelle auf ein allgemeingültiges Modell zu reduzieren, gegebenenfalls ein neues zu entwickeln.

2.5 Verwendete Messmethoden

Als Grundlage der Modellverifizierung soll zuerst die Kinetik der Reaktion untersucht werden. Die hierfür verwendeten analytischen Untersuchungen werden im Folgenden beschrieben.

2.5.1 Spektroskopie

Während der Depositionsreaktion färbt sich die farblose und klare Prozesslösung gelb. Die Intensität der Gelbfärbung nimmt stetig zu, bis zum Punkt, an dem die Lösung trüb gelb ist. Für diese Färbung und Trübung ist das sich bildende Produkt CdS verantwortlich, welches eine zitronengelbe Farbe aufweist. Dieses Phänomen lässt die spektroskopische Messung der Prozesslösung zu, indem das Bougner-Lambertsche Gesetz, welches die Schwächung der Strahlungsintensität durch die Weglänge eines absorbierenden Stoffes voraussagt und das Beersche Gesetzes, nach dem sich die Intensität des Lichtes proportional zu der Konzentration des absorbierenden Stoffes ändert, angewendet werden. Die beiden Gesetze, vereint zum Lambert-Beerschen-Gesetz, machen eine quantitative Messung von CdS in der Lösung möglich.

Durch den proportionalen Zusammenhang der Extinktion mit der vorhandenen Konzentration, der Messdicke und einem wellenlängenabhängigen Proportionalitätsfaktor kann bei vorgegebener Messdicke die Konzentrationsänderung direkt abgelesen werden. Der Zusammenhang der Konzentration mit der Extinktion ist durch Gleichung 2-7 gegeben.

$$E_\lambda = -lg\left(\frac{I_1}{I_0}\right) = \epsilon_\lambda \cdot c \cdot d \qquad \text{(Gl. 2-7)}$$

E_λ = Extinktion bei der Wellenlänge λ

I_1 = eingestrahlte Lichtintensität

I_0 = am Detektor ankommende Lichtintensität

ϵ_λ = Extinktionskoeffizient in Abhängigkeit von der Wellenlänge

c = Konzentration des absorbierenden Stoffes, hier $\sum_n c((CdS)_n)$

d = Weglänge der Messsubstanz, genauer: Schichtdicke der Küvette

Der Gleichung 2-7 folgend, ist die Extinktion proportional zu dem wellenlängenabhängigen Extinktionskoeffizienten. Sobald die Wellenlänge nicht verändert wird, ist dieser Koeffizient eine Konstante. Die Weglänge der Messsubstanz bleibt ebenfalls unverändert. Durch den Einsatz der gleichen Küvette wird auch dieser Term konstant gehalten, sodass die Änderung der Extinktion auf Konzentrationsänderungen und die Größe der Partikel von CdS zurückzuführen ist. Aus dieser Betrachtung folgt, dass sobald bei einer Wellenlänge ausschließlich CdS gemessen werden kann (siehe hierzu Kapitel 3.2), mit der

Extinktionsdifferenz die Konzentrationsdifferenz von CdS bestimmt werden kann. Auf diese Weise lässt sich die Reaktionsgeschwindigkeit der CdS-Bildung direkt zeigen und messen (Gl. 2-8).

$$E_\lambda = \epsilon_\lambda \cdot c_{ges} \cdot d$$
$$E_\lambda = k \cdot c_{ges}$$
$$\Leftrightarrow \frac{\partial}{\partial t} E_\lambda = k \frac{\partial c_{ges}}{\partial t}$$

(Gl. 2-8)

mit $k = \epsilon_\lambda \cdot d$ und $c_{ges} = \sum_n c((CdS)_n)$

Ein Problem, welches hier zusätzlich entsteht, ist, dass sich die CdS-Moleküle zu Clustern verbinden. Mit steigender Korngröße der Cluster verschiebt sich gleichzeitig die Absorption in den Bereich der Langwellen, bei der die CdS-Partikel detektiert werden. Eine genaue Konzentrationsbestimmung einer definierten Korngröße ist durch die Interferenz der unterschiedlichen Banden nicht möglich. Bei 550nm sind die Korngrößen der CdS-Partikel bereits mit einem Durchmesser von einigen nm [Wel86] [Fis89].

Die Steigung der Extinktion gibt demnach die Änderung der CdS-Moleküle in den CdS-Partikeln an. Die Messung ist dadurch indirekt und bedarf einer redundanten Kontrolle und Überprüfung. Diese wird in Kapitel 2.5.2 vorgestellt. Die Qualität der Extinktionsmessung und die daraus resultierende Aussagekraft werden in Kapitel 5.1 ausführlich diskutiert. Bis dahin wird die Änderung der Extinktion zu Beginn der Reaktion als indirekte Messung der Reaktionsgeschwindigkeit der CdS-Molekülbildung angenommen.

Für die zeitaufgelöste Beobachtung der Reaktion über die Extinktion wurde ein Einstrahlspektrometer der Fa. Hach-Lange mit der Typenbezeichnung Dr. 5000 verwendet. Die Prozesslösung wurde dabei mit einem 1,6mm Schlauch[15] über eine externe Peristaltikpumpe durch eine 1Zoll Durchflussküvette gepumpt und von dort wieder zurück in den Reaktor geleitet. Die Volumengeschwindigkeit wurde ermittelt und betrug 140ml/min. Durch die Geometrie des Reaktionsaufbaus und der Volumengeschwindigkeit entsteht eine konstante Verzögerung von 10s zwischen Entnahme eines Probevolumens aus dem Reaktionsgefäß und der spektroskopischen Messung dieses Volumens.

---

[15] Material: Tygon

Durch den Einsatz eines Einstrahlphotometers wird zu Beginn jeder Messreihe das Medium DI-Wasser als Nullwert kalibriert. Um eine Reproduzierbarkeit zu gewährleisten, muss nach Reinigung und Spülung nach einer Reaktion dieser Wert wieder erreicht werden, bevor die nächste Reaktion und Messung durchgeführt werden kann. Der Verlauf einer typischen Reaktion ist in der Abbildung 2-5 dargestellt.

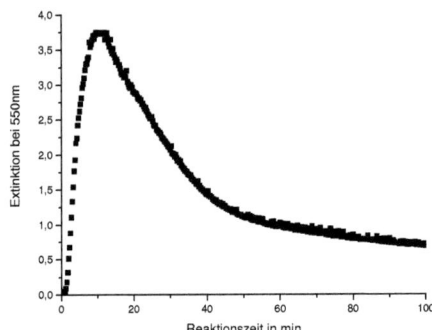

Abbildung 2-5: Verlauf der Extinktionsmessung über die Reaktionszeit einer CdS Beschichtung unter Standardkonzentrationen[16]. Messung bei λ = 550nm. [Aus: Experiment KW072]

Der Reaktionsverlauf zeigt zu Beginn eine Hemmung oder Induktionsperiode. Nach einer kurzen Phase nimmt die Extinktion stark zu. Nach dem Erreichen eines Extinktionsmaximums nimmt die Extinktion wieder ab und erreicht nach ausreichender Zeit asymptotisch einen Endwert.

2.5.2 Konduktometrie

Für die Unterstützung der Interpretation von Extinktionskurven, wurde die Leitfähigkeit der Reaktionslösungen untersucht. Mit dieser Messmethode soll die relative Konzentration der für die Reaktion notwendigen Ionen über die Reaktionszeit beobachtet werden. Der Fokus wurde hier auf das Cadmiumion gelegt.

---

[16] Siehe hierzu Kapitel 3.1.

Für die Messung wurde ein portabler Leitfähigkeitsdetektor der Fa. Knick mit der Bezeichnung 911 Cond benutzt. Das Messprinzip beruht darauf, dass sich die Leitfähigkeit ändert, sobald sich die Anzahl und Konzentration der in der Lösung dissoziierten Ionen ändert. Für die Messung wird ein Potenzial zwischen zwei Platinelektroden eingestellt und der fließende Strom gemessen. Aus diesem lässt sich der Widerstand der Lösung berechnen mit dem wiederum der Leitwert erfasst werden kann (Gleichung 2-9).

$$\sigma = \frac{1}{\rho} \qquad \text{(Gl. 2-9)}$$

σ = Leitwert

ρ = spezifischer Widerstand

Mit Hilfe dieser Messung lässt sich die relative Anzahl der Ionen in einem System bestimmen. Die absolute Bestimmung ist aufgrund der Vielfalt der Ionen und den unbekannten Konzentrationen zu dem Zeitpunkt sowie durch die unterschiedlichen Ionenstärken der Lösungen nicht möglich. Da sich in dem System vorwiegend das zweifach geladene Cadmiumion befindet und dieses während der Reaktion gebunden wird, lässt sich mit der Konduktometrie die relative Abnahme dieser Ionen messen.

Weiterhin bietet eine konduktometrische online-Messung eine Redundanz gegenüber der Extinktionsmessung und erweitert die Interpretationsmöglichkeiten des Reaktionsvorganges durch den Vergleich der beiden Messungen. Der Verlauf einer konduktometrischen Messung ist in Abbildung 2-6 dargestellt. Sie zeigt parallel zu der Extinktionsmessung eine geringfügige Stagnation zu Beginn der Reaktion, mit anschließender kontinuierlicher Abnahme der Leitfähigkeit. Der Leitwert nähert sich anschließend asymptotisch dem Endwert, welcher dann unabhängig von der Reaktionszeit konstant bleibt.

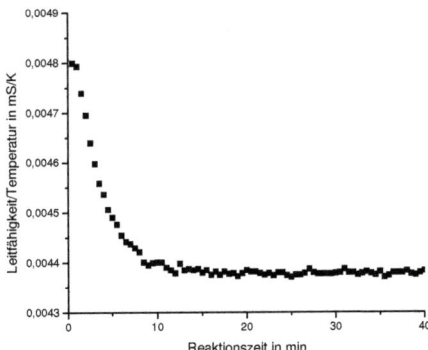

Abbildung 2-6: Konduktometrische Messung der Leitfähigkeit durch Temperatur über die Reaktionszeit bei einer Reaktion unter Standardbedingungen[17] [Aus: Experiment KW072].

2.5.3 Schichtdickenbestimmung

Für die qualitative und quantitative Analyse des abgeschiedenen Materials wurde die Rasterelektronenmikroskopie (REM) eingesetzt.

Eines der beiden genutzten Messgeräte steht in der Zentraleinrichtung Elektronenmikroskopie (ZELMI) der TU Berlin und ist von der Marke Hitachi S-4000. Es arbeitet mit einer Beschleunigungsspannung von 20kV und einem Druck von $2 \cdot 10^{-6}$ mbar. Die Bilder wurden mit 35.000 und 100.000facher Vergrößerung der Sekundärelektronenabbildung durchgeführt. Das zweite verwendete Messgerät gehört zum Helmholtzzentrum Berlin (HZB) und ist von der Marke LEO1530 (GEMINI). Es arbeitet ebenfalls mit einer Beschleunigungsspannung von 20kV.

Aufgrund des hohen finanziellen, präparativen und zeitlichen Aufwands wurde eine zweite Methode etabliert: Die optische Bestimmung der Schichtdicken für CdS auf Molybdän. Hierzu wird die Eigenschaft der beiden Schichten genutzt, dass sich die Absorption des Lichts mit der Dicke der CdS-Schicht ändert. Für die Etablierung der optischen Kontrolle wurde eine Reihe unterschiedlicher CdS-Schichtdicken hergestellt und mit REM vermessen [Wil07]. Ein Beispiel ist in der Abbildung 2-7 dargestellt.

---

[17] Siehe hierzu Kapitel 3.1.

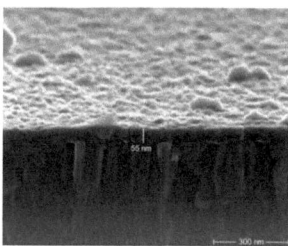

Abbildung 2-7: REM-Aufnahme und Messung einer CdS-Schicht an einer Bruchkante mit 100.000facher Vergrößerung. **[Wil07]**

Das reflektierte Licht erscheint je nach Schichtdicke von CdS in unterschiedlichen Farben und Intensitäten, sodass die CdS-Schicht optisch ohne zusätzliche Hilfsmittel bis auf 5nm genau bestimmt werden kann. Mit zunehmender Probenanzahl lässt sich diese genauer Differenzieren und die Genauigkeit der Bestimmung nimmt zu. Im Endeffekt lässt sich allein aufgrund der optischen Wahrnehmung von CdS auf Molybdän die Schichtdicke im Intervall von 30-60nm mit einer Genauigkeit von ± 3-5nm bestimmen. Dieser Test bildet die Basis einer schnellen qualitativen Analyse der Deposition nach Abschluss einer Reaktion.

Die Methode der optischen Bestimmung der CdS-Schichtdicke ist subjektiv, da die Farben und Nuancen von verschiedenen Personen unterschiedlich wahrgenommen werden können. Wird das CdS auf einem CIS-Absorber abgeschieden, so lässt sich die Schichtdicke nicht mehr mit dem Auge bestimmen. In diesem Fall kann das Spektrum der Reflexion elektronisch bestimmt und verarbeitet werden, um die Schichtdicke zu bestimmen.

Hierfür wurde das FTP-Advance RM1000 Reflektometer der Fa. Sentech benutzt. Nach einer auf REM basierenden Kalibrierung konnten die CdS-Pufferschichten auf CIS-Absorber sowie auf Molybdän vermessen werden. Neben der zusätzlichen Qualifizierung und Kontrolle zu der optischen Bestimmung konnte diese Methode die bis zu der Einführung dieser Messung erhaltenen Ergebnisse bestätigen.

Die Messmethode basiert auf der unterschiedlichen Reflektionseingenschaft einer Schicht. Wird Licht auf ein Schichtsystem eingestrahlt, so wird je nach Schicht ein geringer Anteil des Lichts abhängig von den Materialeigenschaften unter einem bestimmten Winkel gebrochen.

Das eingesammelte Interferenzspektrum der Reflexion ist in Zusammenhang mit dem Brechungsindex und der Schichtdicke für jedes Material spezifisch (Gleichung 2-10).

$$n \cdot d = f(Stoff) \qquad \text{(Gl. 2-10)}$$

n = Brechungsindex

d = Schichtdicke

f(Stoff) = Interferenzspektrum eines spezifischen Stoffes

Die Methode wurde im Zusammenhang mit dieser Arbeit vorwiegend auf mit CdS belegten Molybdänoberflächen verwendet. Die genaue Vermessung der Schichtdicke soll die Subjektivität der optischen Schichtdicken-Einschätzung kontrollieren sowie eine Redundanz bezüglich der Schichtdickenerfassung liefern.

2.5.4 Transmissionselektronenmikroskopie (TEM)

Im Zusammenhang mit dem Schichtaufbau wurde die Transmissionselektronenmikroskopie (TEM) an ausgewählten Oberflächen durchgeführt. Die Messung soll die Oberflächenstruktur direkt nach dem erfolgreichen Schichtaufbau von CdS sowie nach längerer Verweilzeit der Schicht in der Mutterlauge darstellen und einen Vergleich miteinander möglich machen.

Die TEM ist im Grundprinzip wie die REM ein elektronenbasierendes Mikroskop. Bei der TEM wird jedoch die Tatsache ausgenutzt, dass auf eine Messsubstanz beschleunigte Elektronen diese teilweise ohne Wechselwirkungen durchdringen. Die Differenz der Einstrahlung zu der durchgehenden Intensität gibt eine Tiefenstruktur der Probe wieder. Diese Messmethode ist in der Probenaufarbeitung und Durchführung langwieriger als die REM. Dennoch ist der wesentliche Vorteil der TEM gegenüber der REM, dass die Schichtdicke bzw. die Probe deutlich besser aufgelöst werden kann. Die derzeit bestmögliche Auflösung mit TEM liegt bei 0,05nm [Zen07]. Die Auflösung der REM liegt dagegen bei ca. 5nm (vgl. 1-3nm Auflösung in Kapitel 2.5.3). Abbildung 2-8 zeigt den direkten Vergleich der Auflösung anhand von zwei Abbildungen vergleichbarer Proben.

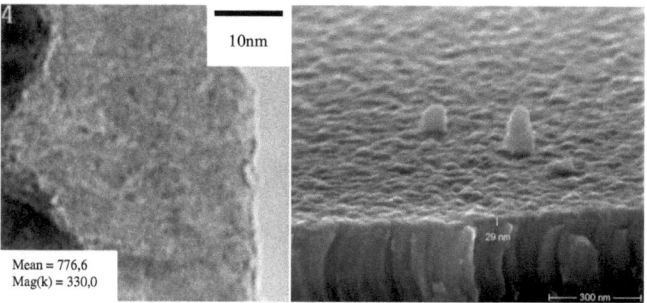

Abbildung 2-8: Vergleich der Auflösung zwischen einer TEM Messung (**links**) und einer REM Messung (**rechts**). [Aus: Experiment KW062 und [**Wil07**]]

Mit der TEM lässt sich somit sogar die CdS Anordnung beobachten, sodass Rückschlüsse auf die Korngröße gemacht werden können. Ob es sich bei dem abgeschiedenen CdS um einzelne Moleküle, Cluster oder Nanopartikel handelt, kann mit dieser Messmethode unter Umständen sichtbar gemacht werden.

2.5.5 Schwingquarzmikrowaage (QCM)

Die optische Qualifikation der Schichtdicke über die Färbung nach der Deposition von CdS ist eine schnelle qualitative Messung. Da sich die vorliegende Arbeit mit der Kinetik der Reaktion befasst, soll nach Möglichkeit die Depositionsrate zu gegebenen Reaktionszeiten visualisiert werden. Eine Möglichkeit der zeitnahen Messung des Schichtaufbaus im Nanometerbereich bietet die Schwingquarzmessung [Aug04]. Zur Messung wurde ein Schwingquarz der Fa. Maxtek aus der PM-700 Serie benutzt. Der Schwingquarz besteht aus einem unpolierten, mit Gold beschichteten Quarzglas, dessen Eigenfrequenz bei 5MHz liegt. Aufgrundlage der Änderung der Resonanzfrequenz durch die Ablagerung eines Feststoffes auf einem Schwingquarz, lassen sich durch Messung der Frequenzänderung des Schwingquarzes Rückschlüsse auf die Schichtdicke der Ablagerung ziehen (Gleichung 2-11).

$$TK_f = \frac{N_q \cdot \rho_q}{\rho_f \cdot f_{qc}^2}(f_q - f_{qc}) \qquad \text{(Gl. 2-11)}$$

N_q = 1,668x10^5 cm/s - Frequenzkonstante

ρ_q = Dichte des Quarz (g/cm³)

f_q = Resonanzfrequenz des blanken Quarzes

f_{qc} = Resonanzfrequenz des beschichteten Quarzes

TK_f = Dicke der Beschichtung

ρ_f = Dichte des Beschichtungsmaterials (g/cm³)

Für eine quantitative Auswertung der Messung wird vorausgesetzt, dass sich die Dichte des abscheidenden Materials während der Deposition nicht ändert und diese über die gesamte Dicke der abgeschiedenen Schicht konstant bleibt. Ist die Dichte bekannt und eingegeben, so lässt sich die Schichtdicke zu jedem Reaktionszeitpunkt bestimmen. Eine typische Depositionskurve, wie sie mit dem beschriebenen Aufbau in Kapitel 3.1.2 aufgenommen wurde, ist in der Abbildung 2-9 dargestellt. Diese zeigt den zeitlichen Verlauf der Schichtdicke über die Reaktionszeit an.

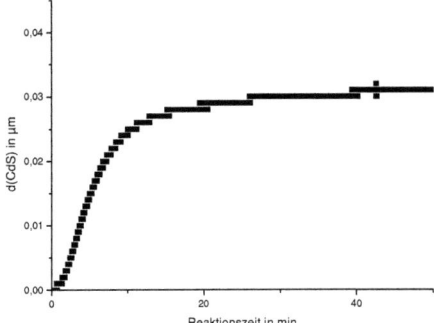

Abbildung 2-9: Schichtdicke und der Depositionsverlauf über der Reaktionszeit einer CdS Beschichtung unter Standardkonzentrationen[18]. Datenaufnahme unter Annahme einer hexagonaler Anordnung und damit einer Dichte des CdS von 4,82g/cm³. [Aus: Experiment KW072]

---

[18] Siehe hierzu Kapitel 3.1.

2.5.6 Strom-Spannung Kennlinien (IV-Messung)

Die Leistungsqualifizierung der Module wie in Kapitel 2.1 angegeben, wird mit Hilfe eines Sonnensimulators durchgeführt. Hierbei wird zwischen einem gepulsten und einem kontinuierlichem Sonnensimulator unterschieden. Während der kontinuierliche Sonnensimulator häufig zu Degratationsuntersuchungen der Solarzellen genutzt wird, verwendet die Fa. Sulfurcell einen gepulsten Sonnensimulator. Dieser ist für die Qualifizierung der Leistung geeigneter, da durch einen pulsartigen Blitz die Sonnenbestrahlung simuliert wird, jedoch wird durch die geringe Einstrahldauer das Modul nur vernachlässigbar gering erwärmt. Die Bedingungen für die Charakterisierung sind damit leichter herstellbar. Fa. Sulfurcell nutzt dabei einen AM 1,5 Sonnensimulator. Unter AM (engl.: Airmass, dt.: Luftmasse) ist ein relatives Maß für die Länge des Weges eines Photons durch die Erdatmosphäre zu verstehen. Die Definition ist in Gleichung 2-12 dargestellt.

$$AM := \frac{l}{l_{lot}}$$ (Gl. 2-12)

Mit l = tatsächliche Weglänge durch die Atmosphäre

l_{lot} = Lotgerichtete Weglänge durch die Atmosphäre

Bei einem Wert von 1 wäre eine direkte (lotrechte) Einstrahlung angenommen, wie sie am Äquator vorgefunden werden kann. Die hier verwendete Luftmasse von 1,5 simuliert einen Einstrahlwinkel von ca. 48°. Dieser ist vergleichbar mit dem Einstrahlwinkel der Sonne in Deutschland, so dass damit die reale Leistung der Module in der nördlichen Hemisphäre simmuliert wird.

Mit der Belichtung der Substrate/Module durch einen Sonnensimulator werden die spezifischen Strom-Spannung-Kennungslinien für den Halbleiter aufgenommen. Abbildung 2-10 zeigt eine typische Strom-Spannung-Kennlinie für einen Semikonduktor mit und ohne Beleuchtung.

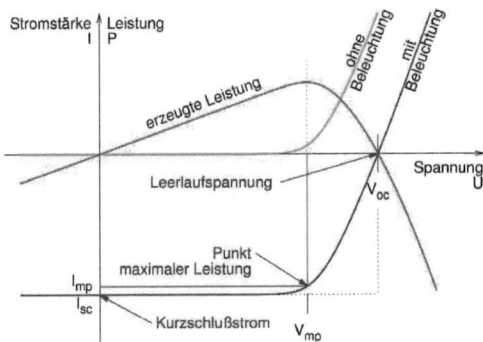

Abbildung 2-10: Strom-Spannung Kennlinie für einen Halbleiter ohne Beleuchtung (grün) und unter Beleuchtung (blau). Der Schnittpunkt mit der Abszisse gibt die Leerlaufspannung und der Schnittpunkt mit der Ordinate den Kurzschlussstrom an. Die eingespannte Fläche, welche die maximale Leistung aus dem Strom und der Spannung erbringt, gibt den Füllfaktor im Verhältnis zu der maximal möglichen Leistung an. [WWW01]

Aus der Strom-Spannung-Kennlinie lässt sich neben dem abgelesenen Abszissenwert (Leerlaufspannung – V_{OC}) und Ordinatenwert (Kurzschlussstrom I_{SC}) auch die maximale Leistung[19] (P_{MP}) bestimmen. Damit wird gleichzeitig der Füllfaktor[20] (FF) nach Gleichung 2-13 ermittelt. Aus dem Kurzschlussstrom und der Zellfläche wird oft die Kurzschlussstromdichte (Jsc) bestimmt (Gl. 2-14). Mit allen drei Parametern (J_{SC}, V_{OC} und FF) wird der Wirkungsgrad (η_{el}) der Zelle oder des Moduls bestimmt (Gl. 2-15), wenn die eingestrahlte Leistung bekannt ist [Mar00].

$$J_{SC} = \frac{I_{SC}}{A_{Zelle}} \qquad \text{(Gl. 2-13)}$$

$$FF = \frac{V_{OC} \cdot I_{SC}}{P_{MP}} \qquad \text{(Gl. 2-14)}$$

$$\eta_{el} = \frac{FF \cdot V_{OC} \cdot J_{SC}}{P_{In}} \qquad \text{(Gl. 2-15)}$$

---

[19] Eingespannte Fläche zwischen dem Koordinatenursprung und dem Punkt des maximalen Produktes aus Kurzschlussstrom und Leerlaufspannung.
[20] Verhältnis zwischen der theoretisch maximal möglichen Leistung und der tatsächlichen maximalen Leistung.

J_{SC}	-	Kurzschlussstromdichte (in A/m²)
I_{SC}	-	Kurzschlussstrom (in A)
A_{Zelle}	-	Fläche der Zelle (in m²)
FF	-	Füllfaktor (prozentualer Wert ohne Einheit)
V_{OC}	-	Leerlaufspannung (in V)
P_{MP}	-	maximale Leistung (in W)
η_{el}	-	Wirkungsgrad (prozentualer Wert ohne Einheit)
P_{In}	-	Aufgenommene Leistung (in W/m²)

3 Voruntersuchungen

In diesem Kapitel wird in erster Linie der experimentelle Aufbau vorgestellt. Mit Zunahme der analytischen Möglichkeiten und des Verständnisses des Reaktionsverlaufes wurde der experimentelle Aufbau während der Arbeit verändert. Diese Entwicklung und die benutzten Aufbauten werden als Erstes dargestellt. Im Anschluss daran wird auf die Evaluierung der spektroskopischen Messung, der Messergebnisse und der Reproduzierbarkeit des Reaktionsnetzwerkes eingegangen. Zum Ende hin wird auf eine Verunreinigung der Edukte, fokussiert auf den Thioharnstoff und die daraus resultierenden Folgen für das Reaktionsnetzwerk, sowie die abgeleiteten Maßnahmen, eingegangen.

3.1 Experimenteller Aufbau

Für die Reaktionen wurden zwei Prozessansatzlösungen vorbereitet: Als Prozessansatzlösung 1 (im Folgenden als PL1 bezeichnet) wurde Cadmiumacetat in Ammoniak (25%) gelöst. Die Prozessansatzlösung 2 (im Folgenden als PL2 bezeichnet) besteht aus einer wässrigen Thioharnstoff-Lösung. Die Reaktion wird gestartet, indem beide Lösungen (PL1 und PL2) mit deionisiertem Wasser vermischt und in den Reaktor gefüllt werden. Es wurden, bis auf ausgewählte Experimente[21], stets die unten angegebenen Konzentrationen angesetzt.

Ansatzkonzentrationen

PL1:   13,4mol/l Ammoniak (25%)

   0,0165mol/l Cadmiumacetat

PL2:   1,01mol/l Thioharnstoff

Durch ein größeres Volumen einer Ansatzlösung, welche im Nachhinein durch Vermischen mehrerer Lösungen auf die Konzentration des Prozesses verdünnt wird, minimiert sich die Ungenauigkeit der Konzentration durch Wiegen. Die Genauigkeit der Konzentrationen im Reaktionsgemisch ist im Nachhinein weitgehend nur noch von der Genauigkeit der

---

[21] z.B. Konzentrationsvariation

Messzylinder abhängig. Die nach der Verdünnung entstehenden Konzentrationen, welche als Referenz für die Untersuchung der Kinetik verwendet wurden, liegen bei:

Prozesskonzentrationen

1000mmol/l Ammoniak

1,238mmol/l Cadmiumacetat

185mmol/l Thioharnstoff

Diese Konzentrationen werden im Folgenden als Standardkonzentration bezeichnet und bei jedem Experiment als Referenz verwendet. Auf diese Weise kann das Reaktionsverhalten an mehreren Tagen miteinander verglichen werden.

3.1.1 Reaktionsaufbau eines 0,25L Reaktors

Als Fortführung meiner ebenfalls bei SCG angefertigten Diplomarbeit [Wil07], wurde der experimentelle Aufbau übernommen. Dieser ist schematisch in der Abbildung 3-1 dargestellt.

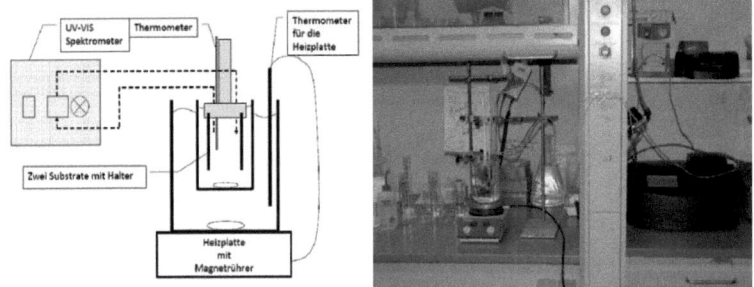

Abbildung 3-1: Aufbau des Handdips. Skizze des Aufbaus (**links**) inkl. Spektrometer, Thermostatplatte, Substrathalter und Substrate sowie ein Foto des Aufbaus (**rechts**).

Für das Wasserbad wurde ein 1L Becherglas verwendet. Das Bad wurde durch eine Heizplatte auf 60°C geheizt und konstant gehalten. Die Konvektion wurde mit einem 4cm langen Magnetrührer bei einer Drehzahl von 300min^{-1} erzwungen. In dieses Wasserbad wurde der

Reaktor, ein 0,25L Becherglas, eingetaucht. Die Rührung in dem Reaktor erfolgte durch einen 1,5cm langen Rührfisch. Die Deposition wurde erreicht, indem die Substrate, vorwiegend 5x5cm² große Glasplatten mit aufgesputterter Molybdänschicht, mit einem Substrathalter in den Reaktor eingetaucht wurden. Um eine vollständige Benetzung der Substrate zu gewährleisten, wurde der Reaktor mit 180ml Prozesslösung gefüllt. Die Einführung der spektroskopischen Messung machte eine Erhöhung des Reaktionsvolumens auf 220ml notwendig. Diese Notwendigkeit entstand durch das Totvolumen der zu- und abführenden Schläuche, sowie der Küvette mit einem Gesamtvolumen von ca. 40ml. Die Reaktionen wurden mit diesem Aufbau sowohl mit einer Temperaturrampe als auch isotherm durchgeführt.

Bei Versuchen mit Temperaturrampe wurde die Prozesslösung (Gesamtlösung, bestehend aus 13,5ml PL1, 33 ml PL2 und 133,5ml deionisiertem Wasser) außerhalb des Reaktors vermischt. Die Mischung wurde daraufhin in den Reaktor gefüllt und die Reaktion wurde gestartet. Bei isothermen Reaktionen wurde lediglich Thioharnstoff mit DI-Wasser verdünnt und im Reaktor erwärmt. Bei Erreichung der Soll-Temperatur und konstanter Haltung dieser Temperatur über ca. 5min wurde die benötigte Menge der Prozesslösung1 zudosiert. Mit der Vermischung wurde die Reaktion gestartet. Da es sich bei der Zugabe von Prozesslösung1 um 13,5ml auf insgesamt 180ml handelt, kann die Temperaturdifferenz der zudosierten Lösung zum Reaktionsgemisch vernachlässigt werden. Zeitaufgelöste Messungen der Temperatur dieser isothermen Reaktion ergaben eine Temperaturschwankung von 1°C innerhalb der ersten Minute, anschließend wurde die Soll-Reaktionstemperatur erneut erreicht.

Beide Reaktionsführungen sind im Bezug auf die Datenauswertung und Vergleiche unterschiedlicher Variationen, wie Konzentration oder Hydrodynamik, sinnvoll. Bei der Temperaturrampe wird der Parameter Temperatur zwar kontinuierlich verändert, dieser wirkt sich jedoch nicht auf die Reproduzierbarkeit und auf das Ergebnis einer Parametervariation aus. Die Temperaturrampe ist bei allen mit gleicher Vorlagentemperatur eingestellten Reaktionen gleich. Abbildung 3-2 zeigt einen Temperaturverlauf von drei nacheinander laufenden Reaktionen. Dabei ergibt sich eine Temperaturschwankung von ca. 0,5°C während der Reaktion. Zu Beginn der Reaktion beträgt der Unterschied bis zu 3°C, welcher sich jedoch bereits nach einer Minute auf eine Abweichung von 0,5°C einstellt. Die zu Beginn gemessene Schwankung ist dabei erwartet und durch natürliche Temperaturschwankungen der DI-Wasserversorgung erklärbar. Während das DI-Wasser, das direkt aus einem 4m³ Vorratstank entnommen wird, kalt ist, ist das DI-Wasser in den Wasserflaschen bei der

Umgebungstemperatur angelangt. Die Reaktionszeiten wurden aus der Entwicklungsvorlage des Prozesses vom Helmholtzzentrum-Berlin (HZB) bei 7min beibehalten und im Interesse eines wirtschaftlichen[22] Prozesses lediglich bis zu 10min variiert. Im Anschluss wurden die Substrate aus der Lösung entnommen, mit frischem DI-Wasser gespült und anschließend mit Druckluft getrocknet. Die Prozesslösung wurde danach verworfen, der Reaktor mit HCl-Lösung gesäubert und anschließend mit DI-Wasser ausgespült.

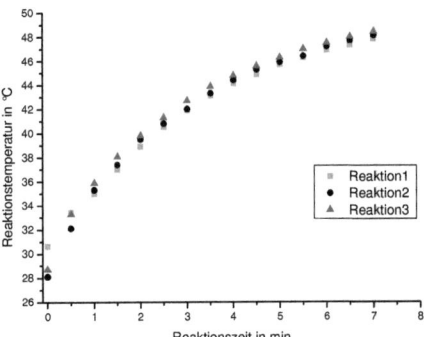

Abbildung 3-2: Temperaturrampe beim Handdip. Abgebildet sind die gemessenen Temperaturen drei nacheinander folgenden Reaktionen unter Standardbedingungen. Ungenauigkeit der Messapparatur liegt bei 0,1°C und 2s, die Fehlerbalken sind aufgrund der geringen Ungenauigkeit und der sehr ausgeprägten Skala nicht abgebildet [Aus: Experiment KW017]

3.1.2 Reaktionsaufbau eines 0,5L Reaktors

Für die Reproduzierbarkeit der Geometrie, sowie der Hydrodynamik wurde das bestehende System durch einen 0,5L Batchreaktor substituiert. Die erzwungene Konvektion wurde nun durch einen 2-Blatt Propellerrührer gewährleistet, der auf 182min^{-1} eingestellt wurde. Die Manteltemperatur wurde durch einen externen 20L Thermostaten konstant bei 50°C gehalten, sodass eine resultierende isotherme Reaktionstemperatur von 42°C entstand. Dieser große Unterschied zwischen der Heiztemperatur und der Reaktionstemperatur entsteht durch die

---

[22] Wirtschaftlich meint in diesem Sinne eine geringstmögliche Taktzeit sodass die Prozesszeit so gering wie nur möglich gehalten werden kann.

Förderung der Prozesslösung durch die Schläuche[23] zu der externen Extinktionsmessung. Abbildung 3-3 zeigt diesen Aufbau.

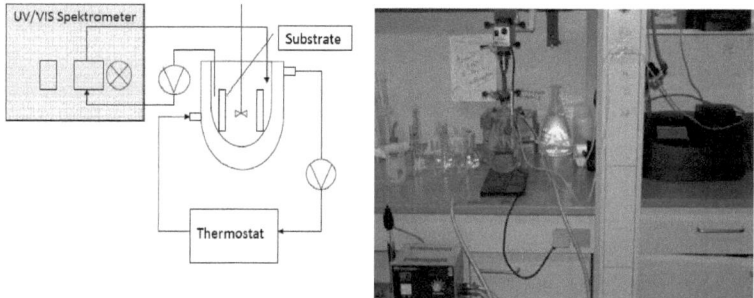

Abbildung 3-3: Aufbau 0,5L Batch. Skizze mit den Thermostaten und UV-Spektrometer (**links**). Zusätzlich ist die Anordnung der Substrate in dem Reaktor angedeutet. Die Fotografie (**rechts**) zeigt den realen Aufbau.

Für die Verbesserung der Hydrodynamik im Reaktor wurde ein Strombrecher für den Propellerrührer gebaut. Der Strombrecher erfüllt gleichzeitig den Zweck des Substrathalters, welcher in Abbildung 3-4 dargestellt ist. Mit diesem Aufbau wurde, im Vergleich zu dem in 3.1.1 beschriebenen Aufbau, das Volumen der Prozesslösung auf 360ml und die Anzahl der Substrate auf vier erweitert. Somit wurde das Volumen/Substratfläche-Verhältnis bei der Reaktorvergrößerung nicht verändert.

Abbildung 3-4: Substrathalter mit vier eingesetzten Substraten (Molybdän auf Glas)

---

[23] Aufgrund der bautechnischen Aufstellung beträgt die Länge insgesamt 4m.

Um den Einfluss der Parameter auf die Kinetik einzeln untersuchen zu können, wurden ausschließlich isotherme Reaktionen durchgeführt. Dabei soll verhindert werden, dass die Temperaturänderung während der Reaktion die Reaktionsgeschwindigkeit so stark ändert und damit den Einfluss des zu variierenden Parameters überdeckt.

Aus vorhergehenden Experimenten mit dem 0,25L Reaktor ging hervor, dass die Deposition noch weit über 7 Minuten hinaus ablaufen kann[24]. Die Reaktionszeit wurde daher auf 60 Minuten erweitert. Nach der Auswertung der ersten Extinktionskurven und der beobachteten Parallelen zum Verlauf von Fällungsreaktionen nach LaMer (siehe Kapitel 5.1) wurden die Reaktionszeiten schließlich auf 120min erweitert. Eine vollständige Reaktion, sowie eine abgeschlossene Deposition, wurden mit den als Standard definierten Bedingungen gewährleistet. Die Schichtdicke nahm von einem 60min-Prozess zu einem 120min-Prozess nicht mehr zu.

3.2 Wellenlängenbestimmung für die spektroskopische Messuung

In erster Linie musste die Hauptmessmethode, die Extinktionsmessung, überprüft und optimiert werden. Das zu untersuchende CdS hat eine Bandlücke von 2,42eV [Lan82]. Im optimalen Fall wäre demnach ein Extinktionsmaximum bei der Wellenlänge von 512nm [Kit05] erwartet. Real gilt die Absorption bei 512nm für Feststoffe, d.h. CdS-Partikel mit Durchmessern von wenigen µm bis mm. Das CdS-Molekül ist mit der VIS-Spektroskopie nicht sichtbar. Erst größere Cluster lassen sich im UV-Bereich detektieren. Die Absorptionsbande verschiebt sich dabei mit der Teilchengröße zu größeren Wellenlängen [Wel86] [Fis89]. Um dieses zu bestätigen und für die Festlegung einer geeigneten Wellenlänge für die Messung wurde bei einer Reaktion zu definierten Zeiten des Reaktionsfortschrittes die Extinktionsmessung über das Spektrum der Wellenlänge von 350 bis 900nm durchgeführt. Wie Abbildung 3-5 zeigt, konnten bei dieser Messung zwei Beobachtungen gemacht werden. Zum Einen ist eine starke Steigungsänderung bei einer Wellenlänge erkennbar, eine sogenannte Absorptionskante (in der Abbildung mit einer vertikalen Linie markiert). Zum Zweiten verschiebt sich diese Absorptionskante aus dem nahen UV Bereich in die Nähe der Bandlücke von CdS (in der Abbildung mit einem Pfeil dargestellt).

---

[24] Je nach Thioharnstoff-Typ, dazu Näheres in Kapitel 3.4.

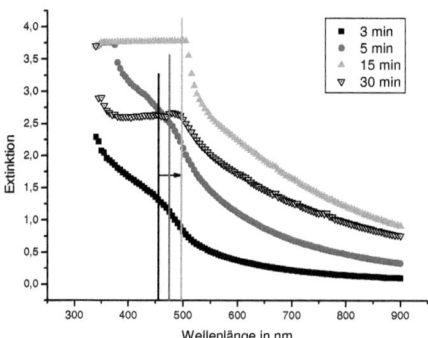

Abbildung 3-5: Extinktionsspektrum bei Reaktionszeiten von 3min, 5min, 15min und 30min. Die senkrechten Linien markieren die abrupte Steigungsdifferenz an der Absorptionskante für CdS, die sich mit der Zeit zu höheren Wellenlängen verschiebt. Reaktion unter Standardbedingungen und im 0,5L Batch Aufbau (Kapitel 3.1.2). [Aus: Experiment KW043]

Der Unterschied der Extinktionssteigung bei Wellenlängen unterhalb und oberhalb der Absorptionskante nimmt mit der Zeit zu. Bereits nach 30min Reaktionszeit entsteht ein lokales Maximum. Danach stellt sich (den Verlauf von 900nm zu 350nm betrachtend) ein Plateau der Extinktion ein. Aus der Verschiebung der Absorptionskante lässt sich die Korngröße bestimmen [Mur93] [Sur08]. Die Differenz der Extinktionssteigung an der Absorptionskante gibt noch zusätzlich an, in welcher Konzentration die Partikel vorliegen [Mal01] [Heb04].

Da für die Arbeit eine zeitliche Auflösung der Extinktion erforderlich war und in der von Wellenlänge abhängigen Auftragung keine ausgeprägte Absorptionsbande erkennbar war, wurde das gesamte Spektrum zeitlich aufgelöst. Abbildung 3-6 zeigt hierbei die Auftragung der Extinktion gegenüber der Reaktionszeit bei definierten Wellenlängen.

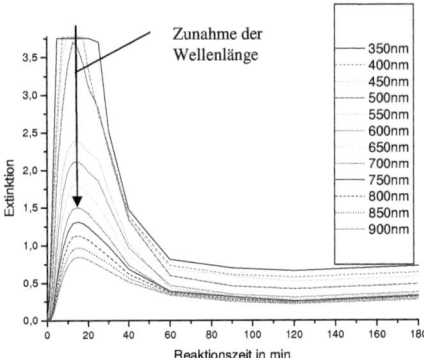

Abbildung 3-6: Extinktion über die Reaktionszeit bei verschiedenen Wellenlängen. Reaktion unter Standardbedingungen und im 0,5L Batch Aufbau (Kapitel 3.1.2). [Aus: Experiment KW043]

Es ist erkennbar, dass sämtliche bei unterschiedlichen Wellenlängen aufgetragenen Extinktionskurven den gleichen Verlauf zeigen. Die Unterschiede liegen lediglich in der Intensität der Extinktionen, welche jedoch nach der Normierung relativiert werden, wie es Abbildung 3-7 zeigt.

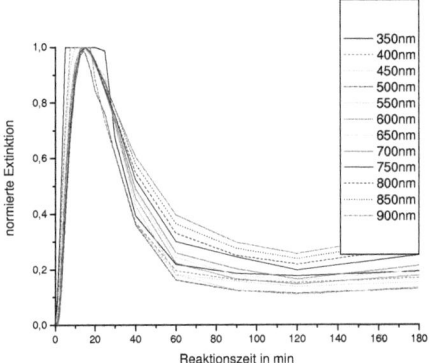

Abbildung 3-7: Extinktion über die Reaktionszeit bei verschiedenen Wellenlängen auf den höchsten gemessenen Wert normiert. Reaktion unter Standardbedingungen und im 0,5 Batch Aufbau (Kapitel 3.1.2). [Aus: Experiment KW043]

Aus der den Abbildungen 3-6 und 3-7 geht hervor, dass beim Einsatz der Standardbedingungen (siehe Kapitel 3.1) die Messung bei 550nm zweckmäßig ist. Das absolute Extinktionsmaximum liegt, wie in Abbildung 3-6 (blaue Linie) erkennbar ist, mit einem Wert von ca. 2,3 im mittleren Detektionsbereich des Spektrometers, sodass geringere Variationen der Konzentration oder Temperatur ebenfalls im Detektionsbereich des Spektrometers bis 3,775 liegen würden und zusätzlich die Wellenlänge nahe bei der Absorptionsbande von CdS liegt.

Das Lambert-Beer-Gesetz gilt streng genommen nur im Bereich bis zum Extinktionswert von 1. Die Messung bei 550nm ist dennoch sinnvoll, da lediglich die Steigung der Extinktion gemessen wurde und diese ebenfalls im dem Bereich, in dem das Lambert-Beer-Gesetz gilt, untersucht wurde. Durch die Wahl dieser Wellenlänge wurden intensivere Messdaten erzeugt als bei höheren Wellenlängen. Dieses wirkte sich ebenfalls positiv auf die Interpretation und Detektion von Extinktionssprüngen aus, die später in Kapitel 4.7 erwähnt wird.

Der Unterschied der Extinktion bei Reaktionszeiten über 30min ist in erster Linie für die kinetische Untersuchung dieser Arbeit von geringerer Bedeutung, sodass dieser nicht näher untersucht wurde. Der Verlauf an sich, d.h. die Abnahme der Extinktion mit der Zeit ist dagegen von höherem informativem Wert und hilft auf diese Weise das Reaktionsnetzwerk zu verstehen. Da diese Daten die Grundvoraussetzung der Messmethode darstellen, wurde die Messung an mehreren Tagen wiederholt und reproduziert. Die Reproduzierbarkeit des Reaktionsverlaufes und der Messdaten zeigt, dass die Annahme und Festlegung der Messmethode auf 550nm sinnvoll sind. Außerdem konnte mit der Wiederholung der Reaktion an unterschiedlichen Tagen die Reproduzierbarkeit überprüft werden. Diese wird im folgenden Kapitel näher behandelt.

3.3 Reproduzierbarkeit der Extinktionsmessung

Damit die Extinktionsmessung als grundlegende quantitative Messmethode für die kinetische Untersuchung des Systems genutzt werden kann, musste die Ungenauigkeit der Messung untersucht werden. Dabei wurde die Reproduzierbarkeit und Fehlerabschätzung der Messmethode sowohl an hintereinander ablaufenden als auch an über Tage verteilten Reaktionen untersucht. Hiermit soll die Reproduzierbarkeit der Messung, der Fehler beim

Ansetzen der Prozesslösung (aufbauspezifischer Fehler) sowie der Fehler beim Ansetzen der Reaktionslösung (ansatzspezifischer Fehler) abgeschätzt und überprüft werden.

3.3.1 Ansatzspezifische Reproduzierbarkeit

Der Aufbau des Reaktors und der Extinktionsmessung konnte nicht verändert werden. Durch den Einsatz von 1,6mm[25] dicken Schläuchen kommt es zu einer Verzögerung der Messung von ca. 10s. Da es sich um einen systematischen Fehler handelt, ist lediglich der Zeitpunkt der tatsächlichen Extinktion betroffen, aber nicht der gesamte Verlauf. Um eine nahezu zeitgleiche, und damit optimierte, Messung zu erhalten, muss das Totvolumen reduziert werden. Um diese Reduktion zu erhalten, wurden sowohl die zuführenden als auch die abführenden Schläuche in ihren Schlauchdicken variiert. Es wurde neben dem im Innendurchmesser 1,6mm noch ein im Innendurchmesser 0,1mm dicker Schlauch untersucht. Nach einem Ansatz der Prozesslösungen wurde der Fehler der nacheinander folgenden Reaktionen lediglich auf die Volumenbestimmung für die Reaktionslösung und die Reproduzierbarkeit der Messapparatur reduziert[26].

Abbildung 3-8 zeigt nacheinander durchgeführte Reaktionen mit konstant gehaltenen Referenzbedingungen bei zwei unterschiedlichen Schlauchdicken für den Transport der Reaktionslösung zur Extinktionsmessung.

---

[25] Innendurchmesser
[26] Das Alter des Thioharnstoff-Ansatzes, wie es in Kapitel 3.4 thematisiert wird, kann hier vernachlässigt werden, da ein ES-Thioharnstoff (Definition und Folgen werden in Kapitel 3.4 beschrieben) verwendet wurde.

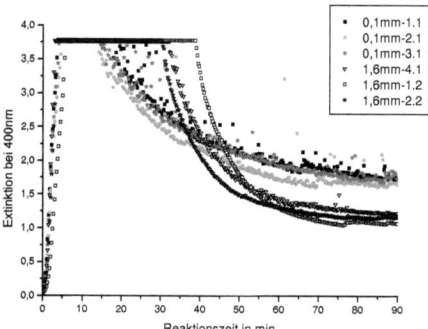

Abbildung 3-8: Reproduzierbarkeit innerhalb eines Ansatzes. Maximale Zeitdifferenz beträgt 6h. Abgebildet sind Reaktionen unter Standardbedingungen im 0,5L Batch Aufbau. Für den Transport der Prozesslösung zum Spektrometer wurden unterschiedliche Schlauchdicken benutzt. Bei 1.1 bis 1.3 wurde ein Schlauch mit 0,1mm Innendurchmesser verwendet. Bei 4.1 und am darauf folgenden Tag 1.2 und 2.2 wurde ein dickerer Schlauch mit 1,6mm Innendurchmesser verwendet. Reaktionen unter Standardbedingungen und im 0,5 Batch Aufbau. Die Messung wurde bei 400nm durchgeführt. [Aus: Experiment KW036]

Die Abbildung 3-8 zeigt mehrere Zusammenhänge gleichzeitig. Zum Einem lässt sich anhand des Verlaufes der Extinktion bei den Reaktionen erkennen, dass die nacheinander folgenden Reaktionen gut reproduzierbar sind. Die Steigungen wurden, wie Abbildung 3-9 zeigt, mittels linearer Adaption mit dem Programm Origin 7.0 ermittelt und sind in Tabelle 3-1 dargestellt.

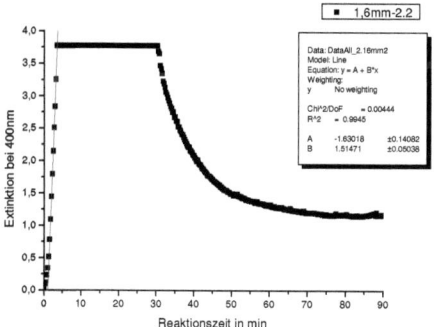

Abbildung 3-9: Ermittlung der Steigung der Extinktion einer Reaktion aus Abbildung 3-8 mit dem Programm Origin 7.0.

Tabelle 3-1: Ermittelte Steigungen aus Abbildung 3-8 und die daraus resultierende Standardabweichung. In der letzten Spalte ist die relative Standardabweichung von der jeweiligen Steigung angegeben.

Versuch	Steigung	Standardabweichung[27]	Rel. Standardabweichung von der Steigung des jeweiligen Versuches
0,1mm-1.1	1,194		6,1%
0,1mm-2.1	1,049	0,073	7,0%
0,1mm-3.1	1,143		6,4%
1,6mm-4.1	1,579		2,8%
1,6mm-2.2	1,514	0,046	3,0%

Die relativen Fehler liegen demnach zwischen 7% bei 0,1mm Schlauchinnendurchmesser und 3,0% bei 1,6mm Schlauchinnendurchmesser. Zum Anderen zeigen sich trotz gleichbleibenden Extinktionssteigungen zu Beginn der Reaktion unterschiedliche Reaktionsverläufe. Sowohl der Zeitpunkt, an dem das Extinktionsmaximum erreicht wird, als auch die Schichtdicken von in der Reaktionslösung eingetauchten Substraten, unterscheiden sich in Abhängigkeit von dem Innendurchmesser der zu- und abführenden Schläuche zum Photometer. Neben einer relativ starken Schwankung der Messung bei dem dünnen Schlauch konnte des Öfteren auch eine Verstopfung der Leitung beobachtet werden. Da damit die Messung beeinträchtigt wird, wurde von diesem Zeitpunkt an der 1,6mm Schlauch benutzt.

Letztendlich ist eine gute Reproduzierbarkeit der Reaktion innerhalb eines Ansatzes der Prozesslösung gegeben, der Fehler einer Volumenabmessung konnte als sehr gering abgeschätzt werden und beläuft sich auf die Ungenauigkeit der Messzylinder. Diese liegt laut Hersteller bei 1% für jeden Messzylinder. Damit beträgt sie 1% für die Prozesslösungen Thioharnstoff und Cadmium/Ammoniak und 2% für das deionisierte Wasser[28].

3.3.2 Aufbauspezifische Reproduzierbarkeit

Nachdem die Fehlerabschätzung innerhalb eines Ansatzes auf 1% bei der Volumenabmessung und mit 3 % (bei 1,6mm Schlauchinnendurchmesser) bei der Messung als gering eingestuft wurde, soll als nächster Schritt der Fehler der Herstellung der Ansatzlösung ermittelt werden. Als Experiment wurde die Reaktion bei Standardbedingungen an vier verschiedenen Tagen

---

[27] Berechnung nach: $Standardabweichung = \sqrt{\frac{\sum(x-\bar{x})^2}{n-1}}$

[28] Wurde in zwei Zylindern abgewogen.

wiederholt durchgeführt. Dabei wurde an jedem Tag ein neuer Ansatz für die Reaktion angefertigt. Die Reaktionen wurden über einen Zeitraum von 8h durchgeführt, sodass neben einer Überprüfung der aufbauspezifischen Reproduzierbarkeit gleichzeitig noch überlappend die im vorhergehenden Kapitel behandelte ansatzspezifische Reproduzierbarkeit verglichen werden konnte. Die Extinktionskurven der auf vier Tage verteilten Reaktionen sind in der Abbildung 3-10 dargestellt.

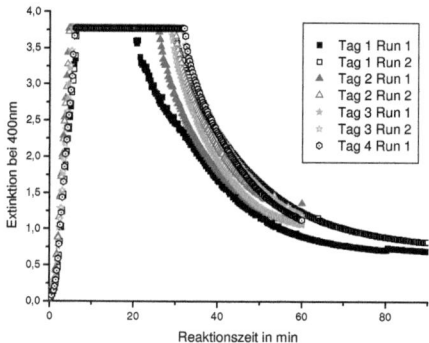

Abbildung 3-10: Reproduzierbarkeit über mehrere Tage. Es wurden pro Tag je zwei Reaktionen unter Standardbedingungen und mit dem 0,5L Batch Aufbau durchgeführt. Die Messung wurde bei 400nm durchgeführt [Aus: Experiment KW038]. Die scharfe Kante bei einem Wert von 3,775 ist durch das Spektrometer bedingt. Die maximale Trübungsintensität wurde damit erreicht.

Da an allen Tagen die Reaktionen mit derselben Rezeptur wiederholt wurden, konnte somit auch noch der relative Fehler der Reproduzierbarkeit aus dem vorherigen Kapitel mit einer größeren Anzahl an Messwerten erweitert werden. Die Steigungen und die relativen Abweichungen sind in der Tabelle 3-2 dargestellt.

Tabelle 3-2: Ermittelte Steigungen zu Abbildung 3-10 sowie die Standard- und die relativen Abweichungen für Werte vom gleichen Tag, wie auch für Werte von allen Tagen. Die Standardabweichung vom gleichen Tag gibt die Steigungsunterschiede des gleichen Tages an. Die relativen Abweichungen vom gleichen Tag geben den prozentualen Wert der Standardabweichung zu der jeweils ermittelten Steigung. Die weitere Position der Standardabweichung der Ansätze gibt die Standardabweichung der Steigungen in Abhängigkeit vom ersten Versuch eines neuen Ansatzes wieder. Die relative Abweichung gibt entsprechend die prozentuale Abweichung von der jeweiligen Steigung an.

Versuch	Steigung	Standardabweichung vom gleichen Tag	rel. Abweichung vom gleichen Tag	Standardabweichung der Ansätze	rel. Abweichung der Ansätze
ES11	0,737	0,007	0,9%		22,3%
ES12	0,728		0,9%		
ES21	1,107	0,042	3,8%		14,8%
ES22	1,048		4,0%	0,164	
ES31	0,889	0,022	2,5%		18,5%
ES32	0,858		2,6%		
ES41	0,786				20,9%

Die Extinktionen der Reaktionen unter Standardbedingungen zeigen an allen vier Tagen zu jedem Alter der Ansatzlösung, wie im vorherigen Kapitel, eine Abweichung von bis zu 4%. Neben der Bestätigung der im Kapitel 3.3.1 behandelten ansatzspezifischen Reproduzierbarkeit, konnte eine aufbauspezifische Reproduzierbarkeit gezeigt werden. Der Wägefehler sowie die Fluktuationen bedingt durch den Aufbau (Positionierung des Rührers, Beladung des Carriers, Positionierung des Carriers, etc.) sind nun bekannt und bilden so die Grundlage der Messgenauigkeit der Extinktionsmessung. Der Gesamtfehler, wie in der Tabelle 3-2 als Abweichung der Ansätze dargestellt, kann damit auf bis zu 22% angenommen werden. Dieses hat zur Folge, dass sämtliche Variationen stets an einem Tag mit dem gleichen Ansatz durchgeführt werden wie auch, dass für alle Variationen stets eine Standardreaktion durchgeführt wird, um einen relativen Vergleich zu allen an anderen Tagen durchgeführten Experimenten zu erhalten. Auch unter der Annahme, dass am zweiten Tag des Experimentes ein Fehler beim Abwiegen entstand, bleibt nach Bereinigung dieser Daten immer noch eine relative Abweichung zwischen den Ansätzen am ersten, dritten und vierten Tag bei ca. 10%. Die Konsequenz, dass täglich eine Referenzreaktion durchgeführt werden muss und die Variationen möglichst am gleichen Tag durchgeführt werden soll, bleibt.

Eine signifikant auffallende Abweichung bei dieser Reaktion ist die Beobachtung, dass sich die erste Reaktion (Verhalten seitens der Extinktionskurve und Deposition) eines Tages stets anders verhält als die folgenden Reaktionen (z.B. Tag 1 Run 1 in Abbildung 3-10). Eine Spülung des Reaktors reicht hier jedoch nicht aus. Zur Vermeidung eines Fehlers, welcher durch dieses Phänomen erzeugt wird, wurde eine Vorabreaktion an jedem Tag mit beliebiger Konzentrations- und Temperatureinstellung durchgeführt. Diese Thematik wird weiter unten in Kombination mit einem Experiment der Zugabe von CdS-Partikeln (siehe Kapitel 4.9) verglichen und in Kapitel 5 explizit erörtert.

3.4 Thioharnstoff-Chargen Problematik

Bei der Untersuchung der aufbauspezifischen Reproduzierbarkeit in Kapitel 3.3.2 wurden zwei verschiedene Thioharnstoff-Chargen verwendet. Es hat sich bei diesem Experiment und auch im Laufe der kinetischen Studie zu dieser Arbeit gezeigt, dass trotz identisch eingestellten Reaktionsbedingungen die Reaktionen mit den beiden Chargen deutlich verschieden verlaufen. Bei gleichen Bedingungen, wie der Konzentration, dem pH-Wert, Temperatur oder Hydrodynamik wurden unterschiedliche Reaktionsverläufe und ebenfalls unterschiedliches Depositionsverhalten beobachtet. Der Verdacht bestand, dass die Ursache auf die Charge dES-Thioharnstoffs zurückgeführt werden kann. Trotz nominell gleichen Reinheitsgrades wurden hier zwei Typen dES-Thioharnstoffes im Bezug auf ihr Reaktionsverhalten definiert:

Als early starter (ES-Typ) wurde die Thioharnstoff-Charge definiert, mit der die Extinktion im Reaktionsverlauf früh und steil ansteigt. Die resultierende Schichtdicke ist unter Standardbedingungen dünn (ca. 35nm). Die andere Thioharnstoff-Charge wurde als late starter (LS-Typ) deklariert, bei der die Extinktion sehr langsam (bis kaum) ansteigt. Die resultierende Schichtdicke einer Reaktion unter Standardbedingungen bringt hohe Schichten hervor (ca. 50nm) [Wil09] [Wil10]. Bezugnehmend auf Kapitel 3.3.2 wurde ebenfalls der LS-Thioharnstoff an unterschiedlichen Tagen in einer Standardreaktion wiederholt verwendet. Die Extinktionskurven sowie die Tabelle zur Fehlerrechnung sind im Anhang angefügt (Abbildung 0-1 und Tabelle 0-1). Die aufbauspezifische Ungenauigkeit des LS-Thioharnstoffes bei frisch angesetzten Lösungen lag mit 12% unter der Ungenauigkeit eines ES-Thioharnstoffes, dabei zeigte dieser Typ aber eine starke ansatzspezifische Abweichungen beim Alter der Lösung (bis zu 50% Ungenauigkeit), sodass nach dieser Betrachtung ausschließlich (bis auf beabsichtigte Ausnahmen) der ES-Thioharnstoff für Parametervariation verwendet wurde.

Abbildung 3-11 zeigt das verschiedene Verhalten zweier Thioharnstoff-Typen anhand der Entwicklung der Extinktion sowohl beim isothermen Prozess als auch bei dem Prozess mit der Temperaturrampe. Bis zu diesem Kapitel gezeigte Reaktionen und Extinktionskurven wurden ausschließlich mit dem ES-Thioharnstoff durchgeführt.

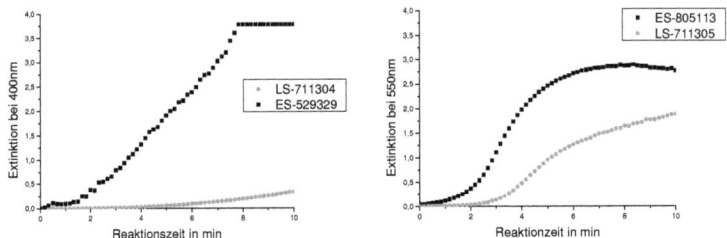

Abbildung 3-11: Unterschiedlicher Verlauf der Extinktion bei gleichen Standardbedingungen im 0,25L Reaktor. Es wurden zwei unterschiedliche Thioharnstoff-Chargen (definiert als ES und LS) verwendet. Isotherme Durchführung bei 50°C (**links**) [Aus: Experiment KW031] und Reaktion mit einer Heizrampe (**rechts**) (Start bei 25°C mit 60°C heißer Vorlage) [Aus: Experiment KW041]. Der Fehler wird hier bei dem LS auf 4% begrenzt, da die Reaktion direkt nach dem Ansatz durchgeführt wurde. Die Nummer neben der Bezeichnung gibt die Chargennummer des Lieferanten Alzchem an.

Die Chargen werden bei dem Lieferanten in Tonnen deklariert. Das beobachtete abweichende Verhalten ist Chargenabhängig, d.h. dass jede Tonne, die für die Produktion bezogen wurde, auf das Verhalten untersucht wurde.

Um mit den Qualitätsschwankungen arbeiten zu können und um die Differenzen bei dieser kinetischen Studie minimal zu halten, wurden mehrere Kilogramm einer Charge des ES-Thioharnstoff-Typs und des LS-Thioharnstoff-Typs für die vorliegende Arbeit aufbewahrt und benutzt.

3.4.1 Umkristallisation von Thioharnstoff

Nach Angaben des Herstellers erfolgt die Produktion des Thioharnstoffes kontinuierlich, die einzige Diskontinuität bei der gesamten Herstellung liegt lediglich bei der Trocknung des Produktes. Mit dieser Information entsteht die Vermutung, dass das unterschiedliche Reaktionsverhalten auf einen, je nach Betrachtungsweise, Störstoff bzw. eine Verunreinigung oder einen Katalysator in dem Thioharnstoff zurückführbar ist, welcher wahrscheinlich bei dem Trocknungsprozess entsteht.

Um festzustellen, ob es sich bei dieser Problematik um einen Fremdstoff handelt, wurden die beiden potentiellen Chargen 711304[29] (als LS deklariert) und 805113 (als ES deklariert) der Fa. Alzchem durch Umkristallisation gereinigt. Für diesen Prozess wurden 300g Thioharnstoff von jeder Charge in 500ml deionisiertem Wasser bei 70°C aufgelöst und warm mit einem 1µ Filter filtriert. Nach Abkühlung der Lösung und Auskristallisierung des Thioharnstoffes (Löslichkeit 13g/100ml bei 25°C) wurde die Lösung vom Bodensatz dekantiert. Der restliche Bodensatz wurde im Ofen für ca. 2h bei 120°C getrocknet. Ein Teil der umkristallisierten Charge wurde für Experimente aufbewahrt, der andere Anteil, ca. 100g wurden erneut in 150ml Wasser warm gelöst, filtriert, zum Auskristallisieren gebracht und anschließend nach dem Dekantieren erneut für 2h bei 120°C getrocknet.

Alle drei Formen der Thioharnstoff-Chargen (rohe, einfach umkristallisiert, zweifach umkristallisiert) wurden in Reaktionen unter Standardbedingungen angewendet und der Verlauf der Extinktionen miteinander verglichen. Abbildung 3-12 zeigt wie sich die jeweiligen Schritte der Umkristallisation auf die einzelnen Chargen auswirken.

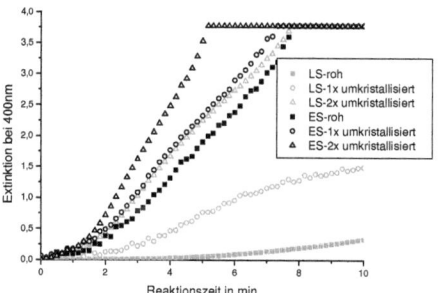

Abbildung 3-12: Reaktionen nach der Umkristallisierung von zwei unterschiedlichen Chargen. Reaktion nach Standardbedingungen mit einem 0,25L Batch Aufbau und isotherm bei 50°C [Aus: Experiment KW031]

Der Reinigungsprozess verändert das Reaktionsverhalten. Mit jedem weiteren Schritt der Umkristallisation beginnt der Anstieg der Extiktion früher und die Steigung ist steiler. Dieses

---

[29] Chargennummer setzt sich zusammen aus: Erste Ziffer gibt das Jahr an, die nächsten drei Ziffern den Tag des Jahres und die letzten zwei Ziffern die laufende Charge des Tages. 711304 ist demnach die vierte Charge vom 113en Tag des Jahres 2007.

Verhalten wird bei beiden Chargen beobachtet. Die resultierende CdS-Schichtdicke nimmt mit jedem Prozess der Umkristallisation ab und ändert sich äquivalent mit dem Reaktionsverhalten. Im Endeffekt lässt sich das Verhalten des LS-Thioharnstoffes in das Verhalten eines ES-Thioharnstoffes überführen. Für eine exakte Anpassung müssten die Prozesse der Umkristallisation noch genauer quantifiziert werden.

Mit dem Ergebnis aus diesem Experiment wurde die Vermutung gefestigt, dass es sich um einen Fremdstoff im Thioharnstoff handelt, welcher einen auffälligen Einfluss auf die Reaktionen im CBD ausübt. Unter der Annahme, dass es sich um einen Fremdstoff handelt und dieser durch den Prozess der Umkristallisation reduziert werden kann, könnte gefolgert werden, dass der Fremdstoff die Deposition positiv beeinflusst und die Reaktion im Volumen verlangsamt. Eine selektive Steuerung der Deposition gegenüber der Reaktion im Volumen wäre möglich.

3.4.2 Variation des pH-Wertes der wässrigen Thioharnstoff-Lösung

Die beiden Thioharnstoff-Typen unterscheiden sich in ihrem Reaktions- und Depositionsverhalten. Zusätzlich konnte noch gezeigt werden, dass sich die wässrigen Lösungen dieser Chargen auch in Ihrem Leitwert sowie in dem pH-Wert unterscheiden. Nach Messung von ca. 20 unterschiedlichen Chargen konnte jedoch beim Leitwert kein signifikanter Unterschied festgestellt werden. Die Schwankungen des Leitwertes wurden erkannt, jedoch nicht eingehender untersucht. Hingegen konnte ein signifikanter Unterschied bei dem pH-Wert gemessen werden. Während die Lösung des ES-Typ Thioharnstoffes stets im leicht sauren Bereich lag (pH $\approx$ 6,5), war der pH-Wert des LS-Thioharnstoffes alkalisch (pH $\approx$ 9,5). Diese Differenz konnte nach Zusammenführung der Prozesslösungen zur Reaktionslösung nicht beobachtet werden, da sich nach der Vermischung aller Edukte (inkl. 1Mol/l Ammoniak) der pH-Wert auf den Ausgangswert um 11,75 einstellte [Wil07].

Die Tatsache, dass die unterschiedlichen Chargen nach einer Reinigung mehr und mehr einem ES-Thioharnstoff Charakter annehmen, lässt vermuten, dass es sich um eine Verunreinigung handelt. Der starke Unterschied in pH-Werten zwischen den beiden wässrigen Lösungen lässt vermuten, dass der Fremdstoff aus Thioharnstoff entstehen könnte und dieser in einem vom pH-Wert abhängigen Gleichgewicht vorliegt.

Mit diesem Ansatz wurden beide Thioharnstoff-Chargen (ES und LS) gelöst und auf einen basischen und einen sauren pH-Wert eingestellt. Für die pH-Wert Erhöhung auf pH=9,5 wurde Natriumhydroxid benutzt Für die Senkung des pH-Wertes auf pH=4 wurde Schwefelsäure verwendet.

Um zu überprüfen, ob die zudosierte Base oder Säure einen Einfluss auf die Kinetik haben, wurden unmittelbar nach der pH-Wert Einstellung Reaktionen mit Referenzkonzentrationen durchgeführt. Der sich nach der Vermischung aller Edukte eingestellte pH-Wert unterlag, wie bereits oben erwähnt, nicht mehr den Schwankungen, die in der wässrigen Lösungen beobachtet wurden. Gleichfalls konnten weder Unterschiede bei dem Reaktionsverhalten noch bei dem Depositionsverhalten beobachtet werden.

Da sich direkt nach Einstellung des pH-Wertes der wässrigen Thioharnstoff-Lösungen keine Unterschiede in der Reaktion beobachten ließen, wurden alle Lösungen[30] vorgewärmt. Heizprozesse mit Zeiten von 60min bzw. 120min bei 60°C und 80°C zeigten zwar unterschiedliches Verhalten, jedoch konnte dieses nicht systematisiert werden, sodass diese Möglichkeit der Beschleunigung des Gleichgewichtes nicht weiter nachverfolgt wurde. Stattdessen wurden die pH-Wert eingestellten Prozesslösungen stehen gelassen und am darauf folgenden Tag für Reaktionen verwendet. Das Alter dieser Prozesslösung zeigte nach eingestelltem pH-Wert die erwünschte Anpassung. An den folgenden drei Tagen wurden die Reaktionen wiederholt. Abbildung 3-13 zeigt eine Reaktion unter Standardbedingungen für frisch angesetzte Thioharnstoff-Lösungen und über den pH-Wert eingestellten Lösungen mit einer Standzeit von einem Tag.

---

[30] ES und LS mit jeweils pH-Wert 4 und 9,5

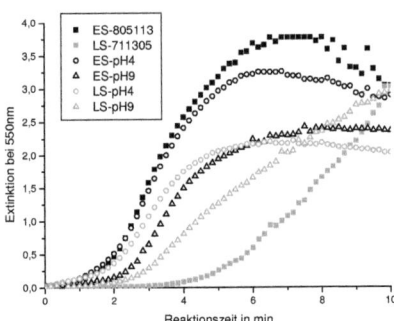

Abbildung 3-13: Verlauf der Extinktion über die Reaktionszeit bei verschieden eingestellten pH-Wert der wässrigen Thioharnstoff-Lösung. Abbildung zeigt die beiden frisch angesetzten Referenzgruppen (schwarze und graue ausgefüllte Quadrate) sowie die ein Tag alte Thioharnstoff-Lösungen, welche auf spezifische pH-Werte eingestellt wurden. Die Reaktionen wurden unter Standardkonzentrationen und mit dem 0,25L Batch Aufbau durchgeführt. [Aus: Experiment KW042]

Das Reaktionsverhalten der beiden Prozesslösungen mit eingestelltem pH-Wert hat sich gegenüber den frisch angesetzten Prozesslösungen deutlich verändert. Dabei konnte erreicht werden, dass sich die ES-Charge (mit eingestelltem pH-Wert von 9,5) vom Verhalten her an die LS-Charge anpassen ließ und gleichzeitig die LS-Charge (mit eingestelltem pH-Wert von 4) sich dem Verhalten der ES-Charge anpassen ließ. Im Endeffekt konnten beide Reaktions- und Depositionsverhalten aneinander auf einem Niveau zwischen den beiden Chargen angepasst werden. Dabei musste die saure Lösung im basischem Milieu verweilen und die basische Lösung im sauren Milieu. Das Reaktionsverhalten hat sich innerhalb der weiteren drei Tage Standzeit nicht mehr verändert. Das Bild der Extinktionskurven ist an allen Experimenttagen (Tag 1 bis Tag 4) gleich geblieben. Da sich die Reaktionsverläufe in diesem Intervall nicht mehr änderten, kann davon ausgegangen werden, dass das Gleichgewicht erreicht wurde. Bei beiden Chargen haben die pH-Wert Änderungen dazu geführt, dass sich das Reaktionsverhalten nur in die Richtung der anderen Charge verändert hat. Anzunehmen wäre jedoch, dass in einem sauren Milieu sich das Reaktionsverhalten mehr in die Richtung eines ES-Thioharnstoffes verändern würde und in einem basischem Milieu in die Richtung eines LS-Thioharnstoffes. Der Grund für dieses Verhalten, sowie eine quantitative Untersuchung, wurden im Rahmen dieser Arbeit nicht mehr durchgeführt.

Wie dem auch sei, eine Anpassung des Reaktionsverhaltens konnte gezeigt werden und über einen Zeitraum von vier Tagen konstant gehalten werden. Dabei wurden die Reaktions- und Depositionsverhalten von beiden Chargen in Richtung der jeweils Anderen verändert, bis beide Verhalten vergleichbar waren.

Aus den Ergebnissen geht weiterhin hervor, dass in diesem Bereich Forschungspotenzial bei der Herstellung von Thioharnstoff besteht und dieses Verhalten sich zwar beeinflussen lässt, jedoch bisher noch nicht eingehend verstanden wurde.

3.4.3 Einfluss von Formamidindisulfid-dihydrochlorid als Additiv

Im Anschluss an die Umkristallisierung (Kapitel 3.4.1) wurden Proben der rohen und der zweifach umkristallisierten Thioharnstoff-Chargen mit der Massenspektroskopie untersucht. Das Ergebnis der Analyse hatte gleiche Reinheitsgrade bezüglich Fremdionen gezeigt. Ein signifikanter Unterschied konnte in einer Masse nachgewiesen werden, die lediglich um die Masse eines Protons geringer war als der Thioharnstoff selbst.

Bei der Suche nach der detektierten Verbindung lag eine Erklärung in Oligomeren des Thioharnstoffes. Einige Oligomere sind in Bezug auf den CdS CBD Prozess bekannt und wurden mit dem Ergebnis aus dem MS verglichen. Durch Literaturrecherche konnte ein Oligomer des Thioharnstoffes, das Formamidindisulfid, als sehr schwer detektierbar und trennbar ermittelt werden [Fla70]. Eine qualitativ und quantitativ gute Analyse dieser Verbindung kann leichter durch eine 2D chromatographische Trennung erfolgen. Die Tatsache, dass das Molekül exakt die doppelte Molmasse von den detektierten Komponenten hat, ist durchaus soweit erklärbar, als dass es sich um ein symmetrisches Molekül handelt. Eine homolytische Spaltung durch einen starken Elektronenbeschuss, wie er in der MS angewendet wird, um die Komponenten zu ionisieren, ist durchaus möglich. Abbildung 3-14 zeigt das Thioharnstoff-Molekül und sein Dimer. Dabei ist zu erkennen, dass die Verbindung symmetrisch aufgebaut ist und dass deren Detektion mittels der Massenspektroskopie durchaus schwierig sein kann, da die S-S Bindungen unter Ionenbeschuss relativ schnell gespalten werden können.

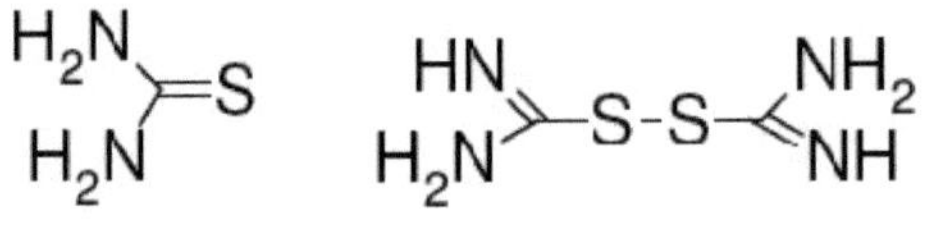

$$H_2N{\Large\diagdown}\atop{H_2N{\Large\diagup}}\!\!=\!S \qquad {HN{\Large\diagdown}\atop H_2N{\Large\diagup}}\!\!=\!S\!-\!S\!=\!{NH_2{\Large\diagup}\atop NH{\Large\diagdown}}$$

Abbildung 3-14: Darstellung von Thioharnstoff und seinem Dimer Formamidindisulfid.

Weiterhin geht aus Untersuchungen des Thioharnstoffs hervor, dass das Dimer Formamidindisulfid in Anwesenheit von Fe^{3+} Ionen katalytisch aus dem Thioharnstoff gewonnen werden kann [Pus75]. Diese Erkenntnis setzt Parallelen zu dem Trocknungsprozess bei der Umkristallisierung in Kapitel 3.4.1 und bei der diskontinuierlichen Produktion von Thioharnstoff bei dem Hersteller. Die anspruchsvolle und komplizierte Detektion dieser Verbindung sowie die erwiesene Bildung im Warmen aus Thioharnstoff führten dazu, dass das Dimer explizit der Reaktionslösung als Negativexperiment zugegeben werden sollte. Als Experiment wurden die Reaktionen bei Standardbedingungen durchgeführt. Neben den zwei Standardreaktionen, die als Vergleich gelten sollten, wurden definierte Konzentrationen von dem Dimer Formamidindisulfid der Reaktionslösung zudosiert. Die Extinktionen dieser Reaktionsreihe sind in der Abbildung 3-15 dargestellt.

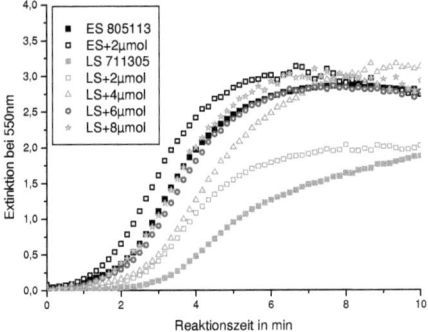

Abbildung 3-15: Angleich des Reaktionsverhalten über Zugabe des Dimers. Extinktion über die Reaktionszeit mit unterschiedlichen Zugaben der Konzentration von Formamidindisulfid. Abbildung zeigt die beiden frisch angesetzten Referenzgruppen (schwarze und graue ausgefüllte Quadrate) sowie eine Reaktionsreihe mit unterschiedlichen Konzentrationen des Dimers. Die Reaktionen wurden unter Standardkonzentrationen sowie 0,25L Aufbau durchgeführt. [Aus: Experiment KW041]

In der Abbildung 3-15 sind die beiden Chargen dargestellt. Nach Zugabe geringster Mengen der Komponente Formamidindisulfid konnte ein signifikanter Unterschied des Reaktionsverhaltens beobachtet werden. Die Differenz des Reaktionsverhaltens änderte sich auf gleiche Weise wie mit jedem Prozess der Umkristallisierung (vgl. Kapitel 3.4.1). Mit Zunahme der Konzentration von Formamidindisulfid wurde der Verlauf der Extinktion immer schneller und steiler. Dieses Verhalten ist bei beiden Chargen gleicherweise beobachtet worden. Durch die Zugabe des Dimers in den LS-Thioharnstoff lässt sich auf diese Weise das Reaktionsverhalten dieser Lösung an die des ES-Thioharnstoffes angleichen. Die CdS-Schichten nahmen mit Zunahme der Konzentration des Dimers immer weiter ab. Abbildung 3-16 zeigt die resultierenden CdS-Schichtdicken zu den in Abbildung 3-15 gezeigten Extinktionskurven.

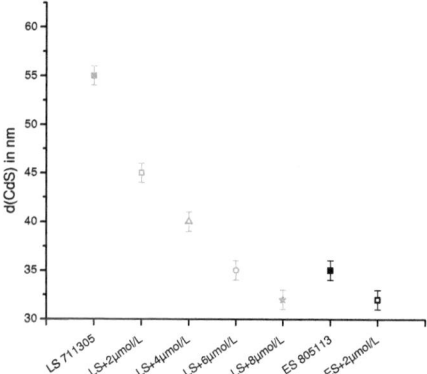

Abbildung 3-16: Resultierende Schichtdicke nach Angleichen der Reaktionskinetik über die Zugabe von minimalen Mengen an Formamidindisulfid. Die Reaktionen wurden unter Standardkonzentrationen sowie 0,25L Aufbau durchgeführt. [Aus: Experiment KW041]

Vergleichbar zu dem Verlauf der Extinktion ist zu erkennen, dass mit Zunahme der Konzentration des Dimers in der Prozesslösung die Schichtdicke des abgeschiedenen CdS-Puffers sinkt. Mit der Angleichung der Rektionskinetik und der Depositionsdicke eines LS-Thioharnstoffes an einen ES-Thioharnstoff können nun unterschiedliche Thioharnstoff-

Chargen miteinander verglichen werden, indem sie durch Zugabe des Dimers Formamidindisulfid künstlich in den Zustand des ES-Thioharnstoffes versetzt werden. Die Erkenntnisse sind vergleichbar mit den Beobachtungen der Umkristallisation im Kapitel 3.4.1. Demnach wirkte der Reinigungsprozess durch das Ausheizen des Kristallwassers aus dem Thioharnstoff fördernd für den Bildungsprozess des Dimers und das Gegenteil wurde erreicht. Anstatt die Charge zu reinigen wurde sie „verunreinigt". Ebenfalls kann angenommen werden, dass der pH-Wert der wässrigen Lösung (Kapitel 3.4.2) das Gleichgewicht der Bildung des Dimers verschieben kann.

Im Endeffekt wurde die Reaktionslösung des LS-Thioharnstoffes durch die Zugabe des Dimers in der Reaktionskinetik der Lösung sowie in der Deposition an das ES-Thioharnstoff angeglichen. Beide Chargen zeigen nach der Behandlung identisches Verhalten [Wil10].

4 Kinetische Untersuchungen

In diesem Kapitel werden die durchgeführten Experimente und die gemachten Beobachtungen näher vorgestellt. Für die kinetische Untersuchung, sowie für die Beweislast eines Modells, wird in erster Linie die Reaktion auf die Konzentrations- und Temperaturvariation untersucht. Mit einer Kalibrierung der Extinktionsmessung sollen die Daten der Variationen quantifiziert werden. Im Anschluss werden die Experimente für den Beweis bzw. für die Widerlegung eines Modells ausgewählt, sodass neben der hydrodynamischen Variation auch noch der zeitliche Depositionsverlauf beobachtet wird. Schließlich werden Variationen durchgeführt, die die Selektivität der Deposition beeinflussen sollen, sowie analytische Methoden, um die abgeschiedene CdS-Schicht zu qualifizieren.

4.1 Konzentrationsvariation der Edukte

Als erste kinetische Untersuchung wurden die Konzentrationen aller drei Edukte Thioharnstoff, Cadmiumacetat und Ammoniak variiert. Alle drei wurden in Bereichen von 50% um die Standardkonzentrationen und unabhängig voneinander variiert. Dabei wurden sieben unterschiedliche Konzentrationen des jeweiligen zu untersuchenden Eduktes verwendet. Da sämtliche Reaktionsprozesse zwischen 60min und 120min liefen, wurde neben dem in Kapitel 3.4 gefassten Beschlusses, dass nur der ES-Thioharnstoff verwendet wird, ein systematischer Fehler, z.B. aufgrund einer längeren Standzeit, reduziert, indem die Konzentrationen alternierend variiert wurden.

Beginnend bei der mittleren Konzentration der gegenwärtigen Variation wurden anschließend die niedrigste und dann die höchste Konzentration verwendet. Um die Aussagekraft der Ergebnisse zu stärken wurden die Variationen ohne den Einsatz an Substraten wiederholt. Hiermit sollte verhindert werden, dass der Einfluss der zusätzlichen Fläche der Substrate auf die Depositionsgeschwindigkeit und -menge das Ergebnis der Extinktionsmessung verfälscht. Die Experimente wurden anschließend in Kombination mit der QCM-Messung wiederholt. Zur Quantifizierung der Kinetik wurde die Extinktion als Fortschritt der Reaktion im

Volumen und die CdS-Schichtdicke bzw. die zeitliche Frequenzänderung bei der QCM als Fortschritt der Deposition ausgewertet.

Unter der Annahme, der lineare Verlauf der Extinktion gibt die Reaktionsgeschwindigkeit der CdS-Molekülbildung wieder, ist die Steigung der Kurven gleichzeitig die Reaktionsgeschwindigkeit r_{CdS} für die Volumenreaktion. Die Steigung der QCM gibt dagegen die effektive Depositionsgeschwindigkeit $r_{eff,Deposition}$ wieder.

Die Ermittlung der Abhängigkeit erfolgte durch eine Interpolation der Daten mit dem Programm Origin. Die Basisfunktion, an welche angepasst wurde, war:

$$y = a \cdot x^b \qquad \text{(Gl. 4-01)}$$

y = Steigung der Extinktion bzw. Depositionsrate

a = Koeffizient

b = gesuchter Exponent zur Ermittlung der Abhängigkeit der Steigung von der Konzentration

x = eingesetzte Konzentration der Edukte (Thioharnstoff, Cadmiumacetat, Ammoniak)

Zunächst wurde die Abhängigkeit der Thioharnstoff-Konzentration untersucht. Diese Variation zeigt, wie in der Abbildung 4-1 zu sehen ist, eine lineare Proportionalität der Extinktionssteigung mit Zunahme der Konzentration. Der ermittelte Exponent liegt bei 1,01 mit einer Abweichung von ±0,14, sodass eine einfache Abhängigkeit angenommen wird.

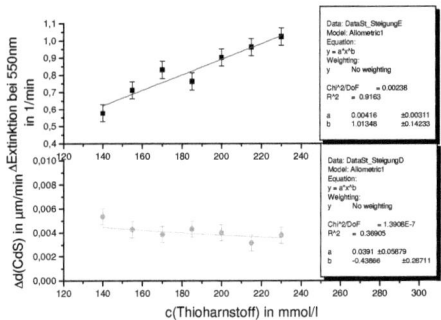

Abbildung 4-1: Abhängigkeit der Steigung der Extinktion (**oben**) und der Depositionsrate (**unten**) von der eingesetzten Konzentration von Thioharnstoff. Die Reaktionen wurden unter Standardbedingungen mit dem 0,5L Batch Aufbau durchgeführt. [Aus: Experiment KW067]

Bei der Depositionsrate konnte dagegen eine Stagnation, bzw. eine geringe Abnahme des Schichtwachstums mit zunehmender Thioharnstoff-Konzentration beobachtet werden. Der ermittelte Exponent liegt bei dem Wert von -0,44 und einer Abweichung von ±0,29. In diesem Fall wird eine Unabhängigkeit angenommen.

Die Abhängigkeit der Steigung der Extinktion mit der Zunahme der Thioharnstoff-Konzentration wurde in allen drei Varianten der Experimente (Reaktionen mit Substraten, Reaktionen ohne Substrate und Reaktionen mit QCM Messung) beobachtet. Aufgrund dieser Reproduzierbarkeit kann eine proportionale Abhängigkeit der Reaktionsgeschwindigkeit der CdS-Molekülbildung von der Thioharnstoff-Konzentration angenommen werden (Gleichung 4-01). Die Stagnation bzw. die Abnahme der Depositionsrate mit zunehmender Thioharnstoff-Konzentration hingegen deutet auf eine effektive Unabhängigkeit hin (Gleichung 4-02).

$r_{CdS} \sim c((NH_2)_2CS)$ (Gl. 4-01)

$r_{eff,dep} \not\sim c((NH_2)_2CS)$ (Gl. 4-02)

Mit

r_{CdS} = Reaktionsgeschwindigkeit der CdS-Molekülbildung im Volumen

$r_{eff,dep}$ = effektive Reaktionsgeschwindigkeit der Deposition

Betrachtet man die resultierende Dicke der CdS-Schicht, so zeigen sich Parallelen zu der Reaktionsgeschwindigkeit. Mit zunehmender eingesetzter Thioharnstoff-Konzentration nimmt die resultierende CdS-Schicht ab. Abbildung 4-2 zeigt die Schichtdicke am Ende der Reaktion gegenüber der eingesetzten Konzentration von Thioharnstoff. Dabei ist eine reziprok proportionale Abhängigkeit mit einem Exponenten von -1,9 und einer Abweichung von ±0,23 erfassbar.

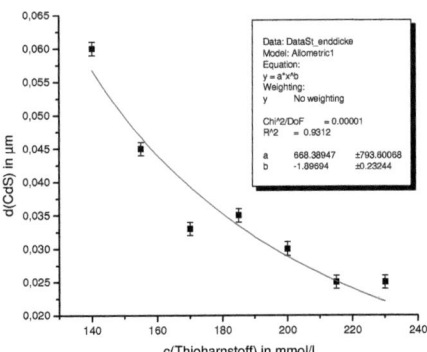

Abbildung 4-2: Resultierende CdS-Schichtdicke über die eingesetzte Thioharnstoff-Konzentration. Die Reaktionen wurden unter Standardbedingungen mit dem 0,5L Batch Aufbau durchgeführt. [Aus: Experiment KW067]

Im nächsten Schritt wurde auf die gleiche Art und Weise die Konzentration von Cadmiumacetat variiert. Während bei der Thioharnstoff-Konzentration diese mit dem Volumen der PL2 Lösung variiert werden konnte, musste bei Cadmium eine hoch konzentrierte Lösung der Cadmium-Konzentration bei niedrig konzentrierter Ammoniak-Konzentration als PL1 angesetzt werden. Die übrige Menge an Ammoniak wurde, je nach Bedarf, separat abgemessen und zugefügt. Die Ergebnisse wurden, wie bei der Thioharnstoff-Variation, nach der Extinktionssteigung und der Depositionsrate gegenüber der eingesetzten Konzentration aufgetragen und werden in der Abbildung 4-3 dargestellt.

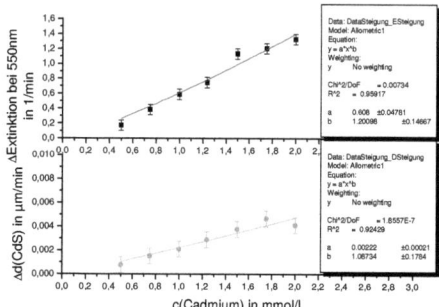

Abbildung 4-3: Abhängigkeit der Steigung der Extinktion (**oben**) und der Depositionsrate (**unten**) von der eingesetzten Konzentration von Cadmiumacetat. Die Reaktionen wurden unter Standardbedingungen mit dem 0,5L Batch Aufbau durchgeführt. [Aus: Experiment KW067]

Die Abbildung 4-3 zeigt eine lineare Abhängigkeit der CdS-Molekülbildung von der eingesetzten Cadmium-Konzentration mit einem ermittelten Exponenten von 1,2 und einer Ungenauigkeit von ±0,15. Vom Verständnis her wird eine einfache Abhängigkeit angenommen (Gleichung 4-03). Im Gegensatz zu Thioharnstoff ist ebenfalls eine lineare Abhängigkeit der Depositionsrate von der Cadmium-Konzentration erkennbar. Der Exponent liegt hier bei 1,09 mit einer Ungenauigkeit von ±0,18. Auch hier wird eine einfache Abhängigkeit angenommen (Gleichung 4-04).

$r_{CdS} \sim c(Cd)$ (Gl. 4-03)

$r_{eff,dep} \sim c(Cd)$ (Gl. 4-04)

Wie bei Thioharnstoff wurde auch hier die lineare Abhängigkeit in der Reaktion mit Substraten, ohne Substrate und mit paralleler QCM Messung reproduziert. Bei der Betrachtung der CdS-Schichtdicke am Ende des Prozesses, ist ebenfalls parallel zu der reaktionskinetischen Betrachtung eine lineare Abhängigkeit der Schichtdicke von der eingesetzten Cadmiumacetat-Konzentration erkennbar. Abbildung 4-4 zeigt die resultierende CdS-Schichtdicke gegenüber der eingesetzten Konzentration von Cadmiumacetat.

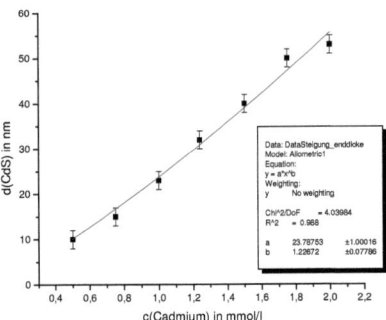

Abbildung 4-4: Resultierende CdS-Schichtdicke über die eingesetzte Cadmiumacetat-Konzentration. Die Reaktionen wurden unter Standardbedingungen mit dem 0,5L Batch Aufbau durchgeführt. [Aus: Experiment KW067]

Aus dieser Auftragung lässt sich entnehmen, dass sich die Schichtdicke proportional mit einem Exponenten von 1,23±0,08 mit der eingesetzten Cadmium-Konzentration einstellen lässt.

Im letzten Schritt wurde die Konzentration von Ammoniak variiert. Diese ist in der Abbildung 4-5 dargestellt.

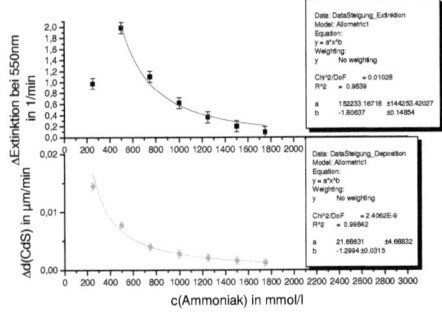

Abbildung 4-5: Abhängigkeit der Steigung der Extinktion (**oben**) und der Depositionsrate (**unten**) von der eingesetzten Konzentration von Ammoniak. Die Reaktionen wurden unter Standardbedingungen mit dem 0,5L Batch Aufbau durchgeführt. [Aus: Experiment KW067]

Auch bei dieser Variation wurde durch wiederholt durchgeführte Experimente mit unterschiedlicher Substratanzahl und Messmethode die Reproduzierbarkeit fundamentiert. Die Genauigkeit der Abhängigkeit der Ammoniak-Konzentration (exakter Exponent) konnte jedoch erst mit einer zusätzlichen Variation im Intervall von 0,5-2,5mol näher bestimmt werden. Abbildung 4-5 zeigt eine Abhängigkeit von dem Exponenten -1,8 der Kinetik der CdS-Molekülbildung, die vom Verständnis auf die quadratisch reziproke Abhängigkeit angenommen wird (siehe auch Gleichung 4-05). Weiterhin ist in dieser Abbildung eine Abhängigkeit von dem Exponenten -1,3 der Depositionsrate von der Ammoniak-Konzentration zu erkennen, die als eine einfache reziproke Abhängigkeit angenommen wird (Gleichung 4-06).

$$r_{CdS} \sim \frac{1}{c(NH_3)^2} \qquad \text{(Gl. 4-05)}$$

$$r_{eff,dep} \sim \frac{1}{c(NH_3)} \qquad \text{(Gl. 4-06)}$$

Das Verhalten der CdS-Schicht am Ende des Prozesses ist vollkommen unterschiedlich gegenüber der kinetischen Betrachtung. Abbildung 4-6 zeigt die resultierende CdS-Schichtdicke gegenüber der eingesetzten Konzentration von Ammoniak.

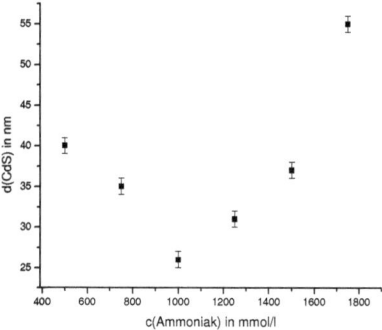

Abbildung 4-6: Resultierende CdS-Schichtdicke über die eingesetzte Ammoniak-Konzentration. Die Reaktionen wurden unter Standardbedingungen mit dem 0,5L Batch Aufbau durchgeführt. [Aus: Experiment KW067]

Dabei ist zu erkennen, dass mit Zunahme der Ammoniak-Konzentration die Schicht zuerst an Dicke abnimmt. Bei 1mol/l erreicht die Schicht ein Minimum. Von diesem Zeitpunkt an steigt die Schichtdicke wieder mit zunehmender Ammoniak-Konzentration und zeigt eine direkte Proportionalität. Die Diskussion zu diesem Verhalten wird in Kapitel 5.4 aufgenommen.

Unter Berücksichtigung der linearen Abhängigkeit der Extinktionssteigung von Thioharnstoff aus Gl. 4-01 und Cadmium aus Gl. 4-03 sowie der quadratisch reziproken Abhängigkeit der Ammoniak-Konzentration aus Gl. 4-05, wurde in Gl. 4-07 das Reaktionsgeschwindigkeitsgesetz für die CdS-Molekülbildung aufgestellt.

$$r_{CdS} = k_{CdS}(T) \cdot \frac{c((NH_2)_2CS)^1 \cdot c(Cd)^1}{c(NH_3)^2} \qquad (Gl.\ 4\text{-}07)$$

Durch die Auswertung der Depositionsraten konnte ebenfalls die effektive Abhängigkeit von der Thioharnstoff-Konzentration aus Gl. 4-02, der Cadmium-Konzentration aus Gl. 4-04 und der Ammoniak-Konzentration aus Gl. 4-06 herangezogen werden, die sich dann in dem Reaktionsgeschwindigkeitsgesetz für das Schichtwachstum der Pufferschicht zu Gleichung 4-08 vereinen.

$$r_{eff,dep} = k_{eff,dep}(T) \cdot \frac{c(Cd)^1}{c(NH_3)^1} \qquad (Gl.\ 4\text{-}08)$$

Da der Reaktionsmechanismus noch nicht bestimmt ist, wird vorerst die effektive Reaktionsgeschwindigkeit angegeben.

Die fehlende Abhängigkeit der Depositionskinetik von der Thioharnstoff-Konzentration (Gl. 4-08) bzw. die geringfügige Abnahme der Depositionsrate mit zunehmender Thioharnstoff-Konzentration legt die Vermutung nahe, dass die Detektion dieser Abhängigkeit durch die Reaktion des Clusterwachstums beeinträchtigt wird. Abbildung 4-7 zeigt die Extinktionskurven der Variation aller drei Edukt-Konzentrationen.

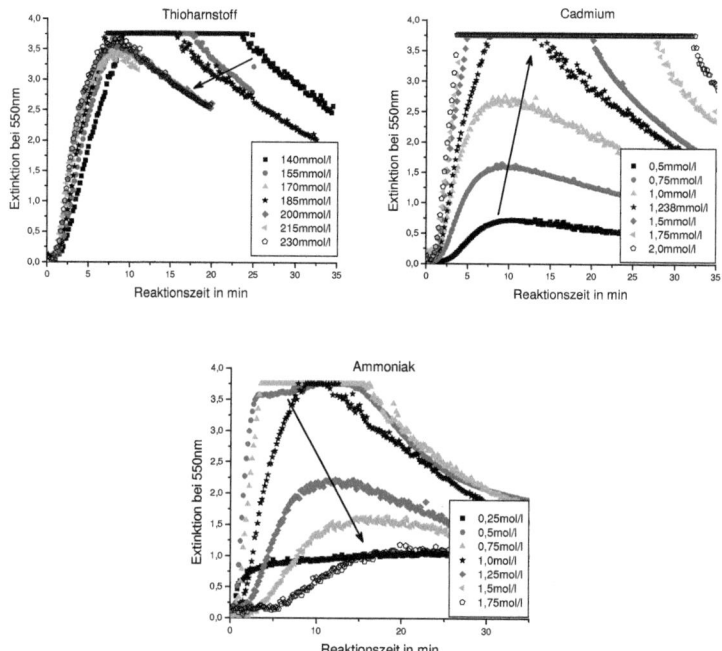

Abbildung 4-7: Zeitlich aufgelöste Extinktionskurven der Variation der Thioharnstoff-Konzentration (**oben links**) sowie der Cadmium-Konzentration (**oben rechts**) und Ammoniak-Konzentration (**unten**). Reaktionen wurden, abgesehen von der Konzentrationsvariation, unter Standardbedingungen mit dem 0,5L Batch Aufbau durchgeführt. [Aus: Experiment KW067]

Hierbei ist zu erkennen, dass lediglich bei der Variation der Thioharnstoff-Konzentration die Extinktion zum Ende der Reaktion stark differenziert. Mit höherer Konzentration von Thioharnstoff nimmt die Höhe der Extinktion ab. Dieses legt die Vermutung nahe, dass durch die Erhöhung der Thioharnstoff-Konzentration die Produktbildung der größeren Partikel (Cluster oder Nanopartikel) zum Zeitpunkt des Anstieges der Extinktion angeregt wird, die eine Konkurrenzreaktion zu der Deposition darstellt, sodass effektiv keine Abhängigkeit der Deposition von dieser Konzentration beobachtet werden kann.

Betrachtet man die Tatsache, dass in jedem Thioharnstoff auch eine geringe Konzentration an Dimeren vorliegt (siehe auch Kapitel 3.4), so muss bei der Variation von Thioharnstoff in

Betracht gezogen werden, dass zeitgleich die Konzentration der Dimere variiert wird. Die Trennung der beiden Komponenten mit handelsüblichem Thioharnstoff ist nur möglich, indem die Thioharnstoff-Konzentration konstant gehalten wird und die Dimer-Konzentration variiert wird.

Die Extinktionsverläufe bei der Erhöhung der Konzentration von Cadmium zeigen einen durchgehenden Trend zu einer beschleunigten Reaktion und zu größeren Extinktionswerten. Ein ebenfalls durchgehender Trend ist bei der Variation von Ammoniak erkennbar. Mit Zunahme der Konzentration nimmt die Höhe der Extinktion ab und die Reaktion findet immer später statt. Die einzige Ausnahme bildet hierbei die Reaktion mit 0,25mol/l Ammoniak. Diese Reaktion ist nahezu spontan, jedoch erreicht die Extinktion kaum an Höhe und bleibt anschließend auf dem Niveau.

4.2 Variation von Formamidindisulfid-dihydrochlorid

Bei den Vorüberlegungen in Kapitel 3.4.3 konnte qualitativ gezeigt werden, wie stark der Einfluss des Dimers Formamidindisulfid auf das Reaktionsverhalten des gesamten Systems ist. Um dessen Verhalten qualitativ sowie quantitativ zu untersuchen und mit dem kinetischen Verhalten der Molekülbildung in der Lösung, sowie mit der Deposition auf der zu beschichtenden Oberfläche zu vergleichen, wurde in einer Reihe von Referenzlösungen die Konzentration von Formamidindisulfid variiert. Wie in den vorangegangen Experimenten wurde auch hier die Konzentration alternierend variiert, damit ein systematischer Fehler, sowie eine Degradation durch das Alter der Prozesslösung, die Ergebnisse nicht beeinträchtigen. Für die Reaktion wurde ein ES-Thioharnstoff verwendet. Abbildung 4-8 zeigt das zeitliche Extinktions- sowie das Depositionsverhalten mit der Zugabe von dem Dimer.

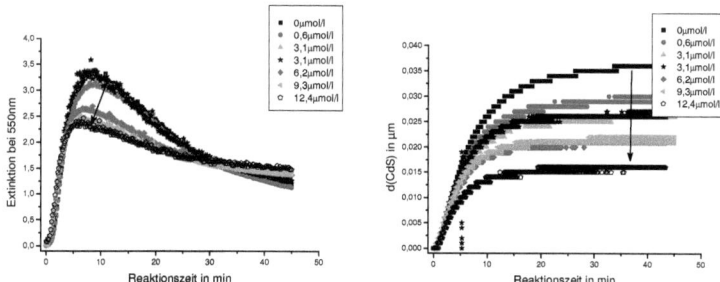

Abbildung 4-8: Zeitlich aufgelöste Extinktion (**links**) und Deposition (**rechts**) der Variation der Zugabe des Dimers. Die Reaktionen wurden unter Standardbedingungen mit dem 0,5L Batch Aufbau durchgeführt. [Aus: Experiment KW074]

Aus den Extinktionskurven der Abbildung 4-8 lässt sich erkennen, dass das Extinktionsmaximum mit Zunahme der Konzentration des Dimers abnimmt und sich zu geringeren Reaktionszeitpunkten verschiebt. Eine Zunahme der Reaktionsgeschwindigkeit (Steigung) ist daraus nicht mehr ersichtlich. Hingegen lässt sich in Abbildung 4-8 bei der Depositionsrate mit Zunahmen der Dimer-Konzentration eine Abnahme der Geschwindigkeit des Schichtwachstums beobachten, sowie eine deutliche Abnahme der Schichtdicke zum Ende des Beschichtungsprozesses. Die Tendenz des Schichtwachstums mit Zunahme der Dimer-Konzentration war, wie sie in der Abbildung 4-9 aufgetragen ist und mit den Ergebnissen aus Kapitel 3.4.3 vergleichbar ist, erwartet.

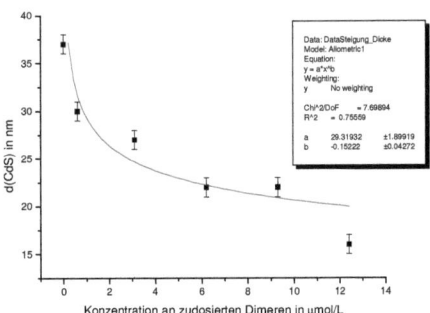

Abbildung 4-9: Resultierende Schichtdicke der CdS-Pufferschicht nach Abschluss der Reaktion gegenüber der zudosierten Konzentration an Formamidindisulfid. Die Reaktionen wurden unter Standardbedingungen mit dem 0,5L Batch Aufbau durchgeführt. [Aus: Experiment KW074]

Beim Vergleich der Schichtdickenabnahme mit zunehmender Dimer-Konzentration ist das Verhalten der Extinktionssteigung in Abbildung 4-8 mit Variation der Formamidindisulfid-Konzentration umso überraschender. Erwartet wurde ein deutlich sichtbarer Einfluss auf die Reaktionsgeschwindigkeit, wie er bei dem LS-Thioharnstoff in Abbildung 3-15 in Kapitel 3.4.3 beobachtet wurde.

Weiterhin zeigen die Ergebnisse der Extinktion in Abbildung 4-8 eine Zunahme der CdS-Konzentration zum Ende der Reaktion hin, welches vergleichbar mit dem Verlauf der Extinktion bei der Variation der Thioharnstoff-Konzentration in Kapitel 4.1 ist. Welche Folgen dieses für das Depositionsmodell oder die Kinetik hat, wird in Kapitel 5 erörtert.

4.3 Temperaturvariation der Reaktionslösung

Für die Vervollständigung der Reaktionsgeschwindigkeitsgleichung der beiden Reaktionen, wurde als nächster Schritt die Aktivierungsenergie bestimmt. Mit Variation der Reaktionstemperatur kann die für jede Temperatur bestimmte Reaktionsgeschwindigkeitskonstante ermittelt werden, indem der Arrhenius Ansatz angewendet wird.

Die allgemeine Reaktionsgeschwindigkeitsgleichung für beide Reaktionen (Molekülbildung und Deposition) lässt sich wie in Gl. 4-9 folgendermaßen darstellen. Die Abhängigkeit der

Konzentration des Dimers wird vorerst nicht berücksichtigt, da diese einerseits nur in katalytischen Mengen zugegeben werden und andererseits die Konzentration der Dimere durch die Konzentration an Thioharnstoff vorgegeben werden.

$$r = k(T) \cdot c^x(Thio) \cdot c^y(Cd) \cdot c^{-z}(NH_3) \qquad \text{(Gl. 4-9)}$$

Unter der Annahme, der lineare Verlauf der Extinktion gibt die Reaktionsgeschwindigkeit der CdS-Molekülbildung wieder, ist die Steigung der Extinktionskurven gleichzeitig die Reaktionsgeschwindigkeit r für die Volumenreaktion und die Steigung der Depositionskurven die Reaktionsgeschwindigkeit für die Deposition.

Da bei allen Temperaturvariationen die Konzentrationen konstant gehalten und die Anfangsunterschiede verglichen werden, lässt sich die Reaktionsgeschwindigkeitsgleichung übersichtlicher darstellen, indem der konzentrationsabhängige Teil als eine Konstante c angenommen wird (Gl.4-10).

$$r = k(T) \cdot c \qquad \text{mit} \qquad c = c^x(Thio) \cdot c^y(Cd) \cdot c^{-z}(NH_3) \qquad \text{(Gl. 4-10)}$$

Mit den aus den Steigungen ermittelten Reaktionsgeschwindigkeiten kann das Produkt aus k(T) und c in die Formel von Arrhenius eingesetzt werden (Gl. 4-11).

$$\{k(T) \cdot c\} = k_\infty \cdot c \cdot e^{-\frac{E_A}{RT}} \qquad \text{(Gl. 4-11)}$$

Mit

k_∞ = Stoßfaktor

E_A = Aktivierungsenergie

R = Gaskonstante

Nach der Linearisierung der Funktion mit Hilfe des Logarithmus, ist die Aktivierungsenergie direkt aus der Steigung berechenbar (Gl. 4-12).

$$\{\ln(k(T)) + ln(c)\} = -\frac{E_A}{R} \cdot \frac{1}{T} + \{\ln(k_\infty) + ln(c)\} \qquad \text{(Gl. 4-12)}$$

Nach Berechnung der Aktivierungsenergie kann bei Einsatz der realen Konzentrationen in die Gleichung 4-12 der Betrag der Konzentrationen ermittelt und abgezogen werden. Der auf diese Weise ermittelte Schnittpunkt mit der Ordinate ergibt den Stoßfaktor. Da die Ermittlung der Reaktionsgeschwindigkeit, je nach Temperatur, über einen längeren Zeitraum entstand, ist die Ermittlung des Stoßfaktors relativ ungenau, sodass dieser vorerst nicht berechnet wird. Eine genauere Ermittlung lässt sich realisieren, indem die bekannten Werte in Reaktionsgleichungen 4-10 bzw. 4-11 bei hohen Temperaturen eingesetzt wird. Die Randbedingung ist allerdings, dass die exakte Reaktionsgeschwindigkeit (in mol/ls) bekannt ist. Näheres hierzu in Kapitel 4.4.

Zur genauen Ermittlung der Aktivierungsenergie und des Stoßfaktors wurden die Reaktionen wie bei der Konzentrationsvariation (vgl. Kapitel 4.1) mit und ohne Substrate durchgeführt sowie mit und ohne der QCM Messung. Mit der Variation der Substrate sollte der Einfluss der Deposition herausgefiltert werden, die Ergebnisse der QCM Messung sollten weiterhin die effektive Reaktionsgeschwindigkeitskonstante für die Deposition ermitteln. Zur besseren Übersicht und zum leichteren Vergleich werden hier die Ergebnisse der Extinktion mit der QCM Messung dargestellt.

Die Steigungen der Extinktions- und der Depositionsrate wurden ermittelt und gegenüber der Temperatur aufgetragen. In beiden Fällen lässt sich ein exponentieller Zuwachs der Reaktionsgeschwindigkeit erkennen, wie er in der Abbildung 4-10 dargestellt ist.

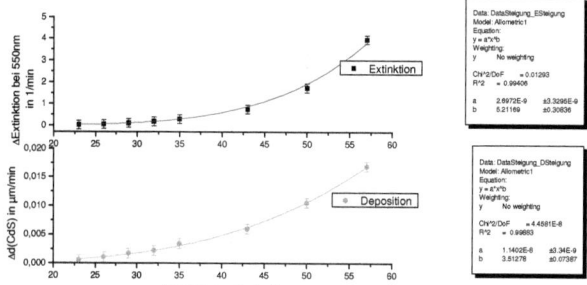

Abbildung 4-10: Abhängigkeit der Steigung Extinktion (**oben**) und der Deposition (**unten**) von der eingestellten Reaktionstemperatur. Die Reaktionen wurden unter Standardbedingungen mit dem 0,5L Batch Aufbau durchgeführt. [Aus: KW076]

Aus Abbildung 4-10 geht hervor, dass die Deposition deutlich langsamer mit der Temperatur zunimmt als die Molekülbildung. Sämtliche durchgeführten Variationen der Untersuchungen[31] zeigten dieses Verhalten, welches bei der linearisierten Arrhenius-Darstellung nach Gl. 4-12 einen gekrümmten Verlauf ergibt. Abbildung 4-11 zeigt die entsprechende Auftragung sowohl für die Volumenreaktion, als auch für die Deposition.

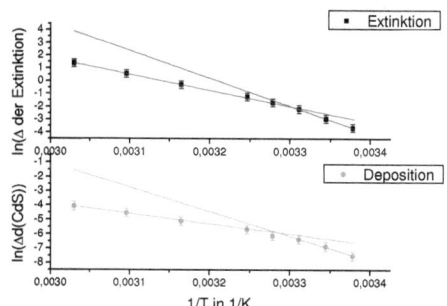

Abbildung 4-11: Linearisierte Auftragung der Extinktionssteigung (**oben**) und Depositionsrate (**unten**) nach Arrhenius. Zur Veranschaulichung wurden bei beiden Darstellungen zwei Regressionsgeraden für die oberen und unteren Werte angelegt. Die Reaktionen wurden unter Standardbedingungen mit dem 0,5L Batch Aufbau durchgeführt. [Aus: Experiment KW076]

---

[31] Reaktionen mit Substraten, Reaktionen ohne Substrate und Reaktionen mit QCM anstatt Substraten

Die in Abbildung 4-11 erstellten Regressionsgeraden zeigen bei beiden Auftragungen eine deutliche Steigungsdifferenz. Diese erschwert die Ermittlung der Aktivierungsenergie, da diese im Vergleich zu der Steigung schwankt. Der nicht lineare Verlauf der Steigung zeigt Anzeichen, dass bei dieser Reaktion eine Stofftransporthemmung vorliegen kann. Aus diesem Grund wurden in je drei Bereichen Aktivierungsenergien bestimmt. Die Bestimmung erfolgte im unteren Temperaturbereich, im gesamten Temperaturbereich und im oberen Temperaturbereich. Tabelle 4-1 listet alle ermittelten Aktivierungsenergien für alle drei Temperaturbereiche mit den zugehörigen Experimentaufbauten auf.

Tabelle 4-1: Berechnete Aktivierungsenergien für unterschiedliche Experimentaufbauten und unterschiedlich verwendete Thioharnstoff-Typen. Neben der internen Experimentnummer wird der Typ des Thioharnstoffes angegeben sowie der Reaktionsaufbau: MS = mit Substraten, OS = ohne Substrate, QCM = ohne Substrate mit Quarzschwingwaage [Aus: Experiment KW049, KW050, KW055, KW073 und KW076]

Experiment-Variation	Interval [43…57°C] E_A [kJ/mol]	Interval [23…57°C] E_A [kJ/mol]	Interval [23…29°C] E_A [kJ/mol]
49-ES-MS	146	153	**167**
50-LS-MS	148	157	**167**
55-LS-OS	160	170	**187**
73-ES-QCM Deposition	90 40	120 80	**170** 220
76-ES-QCM Deposition	100 65	120 80	**165** 140

Aus der oberen Tabelle lässt sich die Ungenauigkeit der Aktivierungsenergiebestimmung durch die unterschiedlichen Reaktionen ableiten, sowie die enorme Unterschied zwischen dem unteren und oberen Temperaturbereich. Sofern eine Limitierung durch Stofftransport vorherrscht, sollte die Aktivierungsenergie bei geringen Temperaturen ermittelt werden. In diesem Fall liegt die Aktivierungsenergie bei 171±9kJ/mol für die CdS-Molekülbildung und bei einem Wert von 180±40kJ/mol für die Deposition.

Betrachtet man das Reaktionsverhalten der wässrigen Lösung (Verlauf der Extinktion), sowie das Depositionsverhalten bei unterschiedlichen Temperaturen, so lassen sich weitere Angaben zu dem Temperaturverhalten machen. Bei dem Verlauf der Extinktionen, welcher für die gesamte Temperaturvariation in Abbildung 4-12 dargestellt ist, lässt sich erkennen, dass zu dem Anstieg der Steigung mit höherer Temperatur auch das absolute Maximum der Extinktion im Wert ansteigt. Zusätzlich verschiebt sich das Maximum zu geringeren Zeitpunkten.

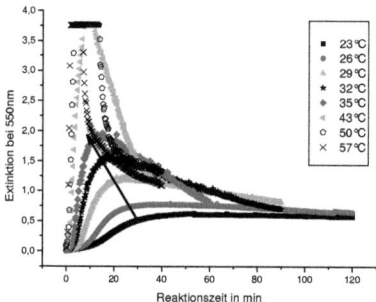

Abbildung 4-12: Verlauf der Extinktion bei Temperaturvariation über die Reaktionszeit. Die Reaktionen wurden unter Standardbedingungen mit dem 0,5L Batch Aufbau durchgeführt. [Aus: Experiment KW076]

Vergleicht man nun die Entwicklung der Extinktionskurven mit den in Abbildung 4-13 dargestellten Depositionskurven über die Temperaturerhöhung, so lassen sich einige Parallelen beobachten. Wie bei der Extinktion nimmt auch bei der Deposition die Rate mit ansteigender Temperatur zu. Ein wesentlicher Unterschied, welcher ebenfalls bei Reaktionen mit Substraten ebenfalls beobachtet wurde, ist, dass mit zunehmender Temperatur die resultierende CdS-Schichtdicke dennoch abnimmt.

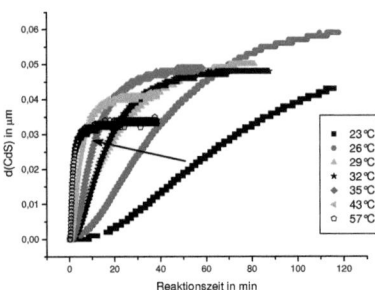

Abbildung 4-13: Depositionsverlauf der Temperaturvariation über die Reaktionszeit. Die Reaktionen wurden unter Standardbedingungen mit dem 0,5L Batch Aufbau durchgeführt. [Aus: Experiment KW076]

Abbildung 4-13 kann demnach entnommen werden, dass bei geringeren Reaktionstemperaturen die CdS-Schichten langsamer wachsen, jedoch ist die Depositionszeit länger, sodass schließlich eine dickere CdS-Schicht bei gleichen Konzentrationen entsteht. Der Anstieg der Extinktionssteigungen sowie der Verschiebung des Maximalwertes und die Steigung der Depositionsrate führten zur Überprüfung der Abhängigkeit der CdS-Schichtdicke von dem Zeitpunkt des Extinktionsmaximums. Die Auftragung ist in den Abbildung 4-14 dargestellt.

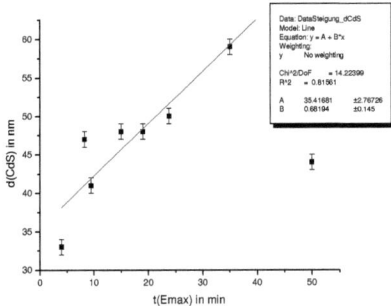

Abbildung 4-14: Resultierende Schichtdicke am Ende des Prozesses über den Zeitpunkt des Extinktionsmaximums. Die Schichtdicke bei dem Punkt $t(E_{max})$ = 50min ist noch nicht vollständig aufgebaut, da die Reaktion nocht nicht abgeschlossen war. Hier wird eine deutlich dickeren Schicht erwartet. [Aus: Experiment KW076]

Diese Auftragung zeigt, dass ein linearer Zusammenhang zwischen der resultierenden Schichtdicke am Ende der Reaktion und dem Zeitpunkt des Extinktionsmaximums besteht. Der Datenpunkt bei $t_{(Emax)}$ = 50min ist das Resultat der Reaktion bei 20°C. Diese ist noch nicht abgeschlossen gewesen, was auch die Entwicklung der Deposition in Abbildung 4-13 (schwarze Datenpunkte) andeutet.

4.4 Kalibrierung der Extinktion auf CdS Konzentration

Sämtliche Reaktionen in dieser Arbeit wurden mit einer spektroskopischen Messung der Prozesslösung begleitet. Die Ergebnisse ergeben einen zeitlich aufgelösten Absorptionsverlauf der Lösung, welcher durch die Bildung von CdS verursacht wird. Die Extinktion ist, wie bereits in Kapitel 2.5.1 gezeigt, direkt proportional zu der Konzentration eines absorbierenden Stoffes. In Kapitel 2.4.1 wurden drei Depositionsmodelle, genauso wie das Reaktionsnetzwerk vorgestellt. Eine direkte Zuordnung der Extinktion zu der CdS-Molekülkonzentration ist nicht möglich, erst Partikel mit einer größeren CdS-Anzahl können beobachtet werden. Mit Zunahme der Reaktionszeit muss davon ausgegangen werden, dass sich immer mehr Cluster unterschiedlicher Größen bilden, welche die direkte Bestimmung der CdS-Reaktionsgeschwindigkeit durch Überlagerung der Lichtabsorption im gleichen Bereich beeinträchtigen. Unter bestimmten Randbedingungen, ist jedoch die quantitative Bestimmung der CdS-Molekülbildung möglich. Die erste Randbedingung ist, dass die CdS-Molekülbildung die erste relevante Reaktion bei der spektrometrischen Messung ist, der weitere Folgereaktionen nachgeschaltet sind. Weiterhin wird vorausgesetzt, dass die Abnahme der Transmission mit Zunahme der CdS- Partikel (Cluster, Nanopartikel) linear verläuft. Da die Extinktion zeitnah mit der Leitwertänderung variiert, wird weiterhin angenommen, dass die Bildung der CdS-Moleküle deutlich langsamer verläuft als die anschließende Clusterbildung. Durch die schnelle Bildung der Cluster ist die Konzentration der frisch gebildeten Moleküle klein und die Bildung der Cluster gibt indirekt die Bildungsgeschwindigkeit und Menge der Moleküle an.

Eine Kalibrierung ist unter diesen Bedingungen sinnvoll, indem in kürzesten Reaktionszeiten die CdS-Molekülbildung und Clusterbildung forciert wird und die Deposition möglichst unterbunden wird. Dieses lässt sich mit der Temperatur gut nachvollziehen. Aus dem vorherigen Kapitel 4.3 geht hervor, dass die resultierende Schichtdicke mit Zunahme der Temperatur abnimmt. Weiterhin kann damit eine Beschleunigung der CdS-Bildung im

Volumen angeregt werden. Da das Cadmiumacetat als Unterschusskomponente in den Prozess zugegeben wird, kann mit einer sehr hohen Temperatur die vollständige Umsetzung zu CdS-Molekülen und kleinen Clustern angeregt werden, während die Deposition vernachlässigbar klein bleibt.

Als Versuch wurde eine Reaktionsreihe mit unterschiedlichen Cadmiumacetat-Konzentrationen durchgeführt. Da Konzentrationen im Bereich von der Standardkonzentration sehr schnell an die Grenzen des Messbereiches kamen, wurde das Intervall auf die Konzentrationen von 16µmol/l bis 600µmol/l eingestellt. Für die Forcierung der CdS-Bildung in der Lösung und möglichst geringen Deposition wurde die Reaktion isotherm bei 71°C durchgeführt. Dabei wurde zuerst das deionisierte Wasser und Thioharnstoff auf die entsprechende Reaktionstemperatur aufgeheizt. Mit Zugabe von ammoniakalischer Cadmiumacetat-Lösung wurde die Reaktion gestartet. Je nach eingesetzter Konzentration dauerte die Reaktion 30-90s. Anschließend wurde die Lösung über 5min im Spektrometer vermessen. Anschließend wurde die Beschichtung der Küvette überprüft, indem reines Wasser gemessen wurde. Nach allen Messungen ist der Extinktionswert von Wasser bei 0 bestimmt worden, sodass eine Deposition während dieser Zeit als vernachlässigbar klein angenommen werden konnte. Die Mittel- und Maximalwerte der Extinktion zu der jeweilig eingesetzten Konzentration sind in der Abbildung 4-15 dargestellt.

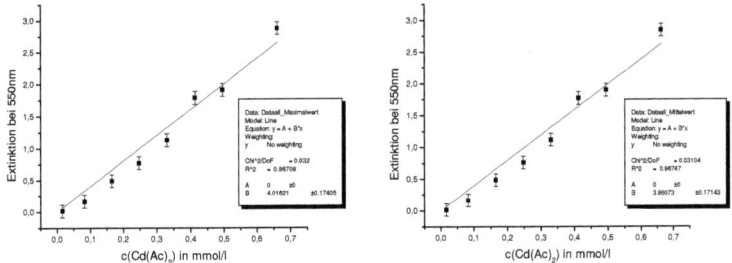

Abbildung 4-15: Kalibrierung der Extinktionsmessung. Aufgetragen ist die Extinktion über die eingesetzte Konzentration von Cadmiumacetat. Mittelwerte (**links**) und Maximalwerte (**rechts**) wurden bei einer 5min langen Messung ermittelt. Die Reaktionen wurden durch isotherme Bedingungen bei 71°C beschleunigt. [Aus: Experiment KW051]

Für die Reproduzierbarkeit dieser Messung und für die Gewährleistung, dass sowohl das gesamt eingesetzte Cadmium umgesetzt wurde wie auch dass die Deposition keinen erheblichen Einfluss auf die Messung ausgeübt hatte, wurde die Kalibrierung an einem weiteren Tag wiederholt. Die Temperatur der zweiten Reaktion wurde jedoch bei gleichen Reaktionszeiten auf 80°C erhöht. Abbildung 4-16 zeigt die gemessene Extinktion über die eingesetzte Konzentration von Cadmiumacetat.

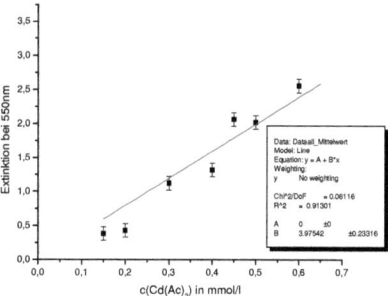

Abbildung 4-16: Wiederholte Kalibrierung. Aufgetragen ist die mittlere Extinktion über die eingesetzte Konzentration von Cadmiumacetat. Das Experiment wurde mit einer isothermen Reaktion bei 80°C durchgeführt. [Aus: Experiment KW059]

Sowohl Abbildung 4-15 als auch Abbildung 4-16 zeigen einen linearen Verlauf der Extinktion zu der eingesetzten Cadmiumacetat-Konzentration. Gleichfalls sind die ermittelten Werte von beiden Steigungen mit leicht variierenden Steigungen von 4,016 und 3,980 bei der ersten Durchführung und 3,975 bei der Wiederholung miteinander vergleichbar.

Da beide Reaktionen bei sehr hohen und dennoch zueinander unterschiedlichen Temperaturen durchgeführt worden sind und zusätzlich die Sicherheit gegeben war, dass während der Trübungsmessung keine Deposition stattfand (Kontrolle mit Wasser), wurde angenommen, dass der gesamte Anteil an eingesetztem Cadmium in CdS umgesetzt wurde und mit der gemessenen Trübung die gesamte Menge an CdS-Molekülen messbar ist.

Der Mittelwert der beiden Steigungen wurde für die vereinfachte Formel der Kalibrierung bestimmt und verwendet. Gleichung 4-13 zeigt die ermittelte Umrechnungsmöglichkeit der gemessenen Extinktion in die Konzentration von CdS-Molekülen.

$$c(CdS) = \frac{Extinktionswert\ bei\ 550nm}{3,978} mmol/L \qquad (Gl.\ 4\text{-}13)$$

Mit der Formel lässt sich nun in einer guten Annäherung die Menge der CdS-Moleküle zu Beginn einer Reaktion bestimmen. Die Genauigkeit nimmt mit Zunahme der Reaktionszeit aufgrund der Deposition und des Clusterwachstums ab.

Rückführend auf das vorangegangene Kapitel, kann nun mit der Kalibiergerade die tatsächliche Reaktionsgeschwindigkeit bei hohen Temperaturen zu Beginn der Reaktion genau bestimmt werden. Mit der tatsächlichen Reaktionsgeschwindigkeit kann wiederum der Stoßfaktor bestimmt werden, sodass der temperaturabhängige Term vollständig ermittelt werden kann. Um den Stoßfaktor bei der Arrhenius-Gleichung näher bestimmen zu können, muss die Aktivierungsenergie mit den eingesetzten Konzentrationen bei einer Reaktion mit höherer Temperatur eingesetzt werden. Auf diese Weise ist die Genauigkeit der eingesetzten Konzentration am höchsten und der Stoßfaktor lässt sich genauer bestimmen. Zu jeder im Kapitel 4.3 ermittelten Aktivierungsenergie wurde der entsprechende Stoßfaktor nach Gl. 4-14 ermittelt. Die Werte für den Stoßfaktor sind in der Tabelle 4-2 aufgeführt.

$$r = k_\infty e^{-\frac{E_A}{RT}} \frac{c(Thio)c(Cd)}{c(NH_3)^2} \quad <=> \quad k_\infty = r \frac{c(NH_3)^2}{c(Thio)c(Cd)} e^{\frac{E_A}{RT}} \quad \text{(Gl. 4-14)}$$

Mit $r = \frac{\Delta E \frac{1}{min}}{60} 3{,}978 \frac{mmol}{l} \frac{1}{1000} = \frac{3{,}958 \cdot 3{,}978}{60000} \frac{mol}{l \cdot s}$

Tabelle 4-2: Ermittelte Stoßfaktoren anhand der berechneten Aktivierungsenergien aus Tabelle 4-1. Die Berechnung erfolgte mit der Extinktionssteigung bei 57°C Reaktortemperatur, bzw. 70°C eingestellter Manteltemperatur [aus: Experiment KW067].

Experiment-Variation	Interval [43...57°C] k_∞ [mol/l/s]	Interval [23...57°C] k_∞ [mol/l/s]	Interval [23...29°C] k_∞ [mol/l/s]
49-ES-MS	$1{,}44 \cdot 10^{23}$	$1{,}84 \cdot 10^{24}$	$3{,}02 \cdot 10^{26}$
50-LS-MS	$2{,}98 \cdot 10^{23}$	$7{,}91 \cdot 10^{24}$	$3{,}02 \cdot 10^{26}$
55-LS-OS	$2{,}36 \cdot 10^{25}$	$9{,}02 \cdot 10^{26}$	$4{,}41 \cdot 10^{29}$
73-ES-QCM	$1{,}99 \cdot 10^{14}$	$1{,}11 \cdot 10^{19}$	$9{,}01 \cdot 10^{26}$
Deposition	$7{,}97 \cdot 10^{2}$	$1{,}70 \cdot 10^{9}$	$2{,}40 \cdot 10^{31}$
76-ES-QCM	$7{,}59 \cdot 10^{15}$	$1{,}11 \cdot 10^{19}$	$1{,}46 \cdot 10^{26}$
Deposition	$7{,}19 \cdot 10^{6}$	$1{,}07 \cdot 10^{9}$	$5{,}28 \cdot 10^{18}$

Die Tabelle zeigt, trotz relativ genauer Ermittlung für den Stoßfaktor, große Unterschiede zwischen den Werten. Bei der Betrachtung der ermittelten Werte im niedrigen Temperaturbereich (ohne die extreme Abweichung bei $4{,}41 \cdot 10^{29}$ mol/l/s), liegen diese im

Mittel bei $4,1\cdot 10^{26} \pm 3,3\cdot 10^{26}$ mol/l/s für die Molekülbildung und $1,2\cdot 10^{31} \pm 1,7\cdot 10^{31}$ mol/l/s für die Deposition. Diese Werte werden in Kapitel 5.5 wieder aufgegriffen und diskutiert.

4.5 Variation der Reynolds-Zahl (Re)

Die Entstehung des molecule-by-molecule sowie des cluster-by-cluster Modells beruht zum Teil auf der Beobachtung der Depositionsraten bei unterschiedlich eingestellten Rührleistungen [Vos04]. Für eine reproduzierbare Datenlage konnte an dieser Stelle der 0,25L Aufbau nicht mehr verwendet werden, da die eingestellte Drehzahl mit einem einfachen Magnetrührer und Rührfisch nicht gewährleistet werden kann (siehe Kapitel 3.1.1). Durch den 2-Blatt Propellerrührer in Gegenwart von Strombrechern ist die Hydrodynamik genauestens definiert und gewährleistet damit gute Reproduzierbarkeit. Die Angaben erfolgen mit Hilfe der dimensionslosen Kennzahl Reynold (Re).

Aus der allgemeinen Formel für die Re-Zahl (Gl. 4-15) lassen sich die Zahlen bei verschiedenen Rührarten bestimmen:

$$Re = \frac{\rho u}{\eta/l} = \frac{Impuls/Volumen}{Scherkraft} \qquad \text{(Gl. 4-15)}$$

η – Viskosität

ρ – Dichte

l – Länge

u – Geschwindigkeit

Die Rührung der in Kapitel 3.1 beschriebenen und verwendeten Reaktionssystemen setzt sich aus zwei Teil-Rührarten zusammen. Eine Grundrührung erfolgt durch die Messung der Extinktion über die Umwälzungsrate von 140ml/min. Die zweite Rührung entsteht durch die eingestellte Rührleistung des Propellerrührers. Beide Konvektionen tragen zur Gesamtrührleistung bei.

a) Grundrührung durch Messung

Dichte und Viskosität werden während der Reaktion als konstant angenommen. Damit ändern sich nur die charakteristische Geschwindigkeit und Länge für die Gleichung 4-15.

Für das System (Prozesslösung) werden näherungsweise die Dichte und Viskosität von Wasser übernommen:

$\rho(H_2O|42,5°C) = 991210 \ g/m^3$

$\eta(42,5°C) = 0,626 \ g/(ms)(linear \ angepasst)$

Daraus resultiert die in Gl. 4-16 dargestellte angenommene Konstante

$$\frac{\rho}{\eta} = \frac{991210 \ g \cdot m \cdot s}{0,626 \ g \cdot m^3} = 1583402,6 \frac{s}{m^2} \quad \text{(Gl.4-16)}$$

Die resultierende charakteristische Geschwindigkeit wird bestimmt mit Hilfe der Fließgeschwindigkeit und der Fläche des Reaktors, wie es in Gl. 4-17 angegeben ist.

$$u = \dot{V}/A \quad \text{(Gl. 4-17)}$$

u – Geschwindigkeit

$\dot{V}$ – Volumenstrom (V/t)

A – Querschnitt der Rohrleitung – hier Reaktionskammer

Mit der charakteristischen Länge (hier Höhe des Becherfüllstandes) kann die Re-Zahl nach Gl. 4-18 berechnet werden.

$$Re = \frac{\rho}{\eta} \cdot u \cdot l = 1583402,5 \frac{s}{m^2} \cdot u \cdot l \quad \text{(Gl. 4-18)}$$

mit

$$l = \frac{V}{\pi \cdot r^2} = \frac{360 cm^3}{\pi \cdot 3,668 cm^2} = 0,0852 m$$

$$u = \frac{140 \frac{cm^3}{min}}{\pi \cdot (3,668 cm)^2} = 3,31 \frac{cm}{min} = 5,52 \cdot 10^{-4} \frac{m}{s}$$

Mit den vorgegebenen Daten wird die Re-Zahl der Grundrührung bei dem 0,5L Batch Aufbau auf den Wert von 74,4 bestimmt.

b) Rührung durch Rührer

Die Reynolds-Zahl lässt sich bei einer durch einen Rührer erzwungenen Konvektion nach Gl. 4-19 berechnen.

$$Re = \frac{nl^2\rho}{\eta} \quad \text{(Gl.4-19)}$$

Mit n = 182,2min^{-1} = 3,04s^{-1} und l = 0,03426m ergibt sich hierfür (mit Gl. 4-16) die Re-Zahl von 5644 für die Standardreaktionen.

Mit dieser Berechnungsgrundlage wurden nun, wie bei den zuvor beschriebenen Experimenten zur Aufstellung der Reaktionsgeschwindigkeitsgleichung, drei Experimentaufbauten vorbereitet. Dabei wurde die Re-Zahl bei einem Aufbau ohne Substrate, mit Substraten und erneut mit der QCM durchgeführt. Der Aufbau mit Substraten sollte dabei die resultierende Schichtdicke angeben sowie den Unterschied zwischen einer Reaktion mit und ohne extra für die Deposition bereitstehender Fläche. Die Wiederholung mit der zeitaufgelösten Depositionsdetektion sollte die Datenlage bestätigen und gleichzeitig von der Seite der Deposition verstärken.

Die Reaktionen mit Substraten konnten die Schichtdicke nach der Reaktion angeben während die Rektionsgeschwindigkeiten aus den Steigungen der Extinktionskurven entnommen wurden. Beide Ergebnisse sind in der Abbildung 4-17 gegenübergestellt.

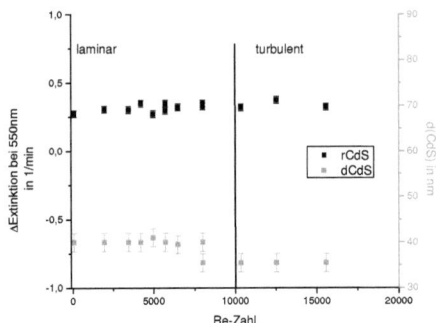

Abbildung 4-17: Bildungsgeschwindigkeit der CdS-Moleküle und resultierende CdS-Schicht auf dem Substrat im Re-Bereich von 74 bis 13000. Aufgetragen ist die Steigung der Extinktion (**schwarz**) und die resultierende CdS-Schichtdicke (**rot**) über die eingestellte Re-Zahl. Die Reaktionen wurden unter Standardbedingungen mit dem 0,5L Batch Aufbau durchgeführt. [Aus: Experiment KW052]

Die resultierende CdS-Schicht bleibt in einem breiten Spektrum der Re-Zahl konstant, erst bei hohen Re-Zahlen von ca. 10000 nimmt die Schicht ab, bleibt jedoch auf einem niedrigeren Niveau konstant. Dagegen konnte keine Zunahme der Reaktionsgeschwindigkeit im Volumen beobachtet werden. Die Ergebnisse der Reaktionsgeschwindigkeit in Experimenten ohne zusätzliche Depositionsfläche sind mit der mit Substraten, wie in Abbildung 4-17 dargestellt, vergleichbar. Es ist ein Plateau entlang der Variation der Re-Zahl bis ca. 13000 zu beobachten.

Diese Ergebnisse implizierten die Untersuchung des Schichtwachstums in einem erweiterten Re-Zahl Intervall. Es wurden Reaktionen bis zu einer Re-Zahl von 30000 durchgeführt. Entlang dieser Reihe ist eine wie oben gezeigte Konstanz der Reaktion in Bereich bis Re=10000 zu erkennen, anschließend ändert sich das Reaktionsverhalten. Die CdS-Schichtdicken werden bei minimal ansteigender Depositionsrate geringer, gleichzeitig nimmt bei gleicher Steigung der Extinktion das Maximum der Extinktionen ab. Abbildung 4-18 und Abbildung 4-19 zeigen die aufgenommenen Depositions- und Extinktionskurven.

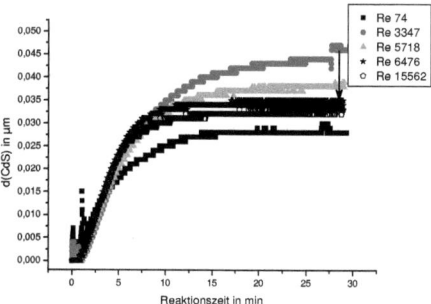

Abbildung 4-18: Depositionskurven bei unterschiedlich eingestellten Re-Zahlen über die Reaktionszeit. Die Reaktionen wurden unter Standardbedingungen mit dem 0,5L Batch Aufbau durchgeführt. [KW080]

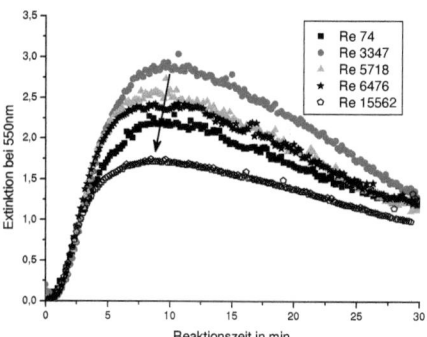

Abbildung 4-19: Extinktionskurven bei unterschiedlich eingestellten Re-Zahlen über die Reaktionszeit. Die Reaktionen wurden unter Standardbedingungen mit dem 0,5L Batch Aufbau durchgeführt. [KW080]

Aus beiden Abbildungen geht deutlich hervor, dass sich sowohl die Schichtdicke als auch das globale Extinktionsmaximum in den Werten verschieben. Zur Veranschaulichung wurden der maximale Extinktionswert und die Schichtdicke über die Re-Zahl aufgetragen und in Abbildung 4-20 dargestellt.

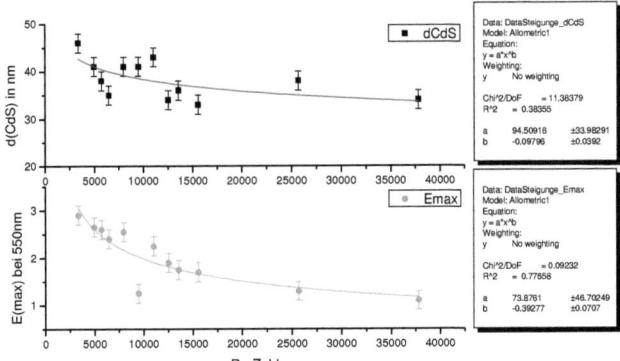

Abbildung 4-20: Korrelationen im hydrodynamisch abhängigen System. Aufgetragen sind die resultierende CdS-Schichtdicke (**oben**) und der maximale Extinktionswert (**unten**) über die eingestellte Re-Zahl. Die Reaktionen wurden unter Standardbedingungen mit dem 0,5L Batch Aufbau durchgeführt. [KW080]

Die kontinuierliche Abnahme des Extinktionsmaximums und der Schichtdicke mit Zunahme der Re-Zahl deutet auf eine Stofftransporthemmung im turbulenten Bereich hin, so wie sie in Arbeiten zuvor [Vos04] beobachtet wurde, aus denen die partikuläre Deposition vorgeschlagen wurde.

4.6 Zeitliche Darstellung der Deposition

Zugrunde liegen, wie in Kapitel 2.4.1 dargestellt, drei Depositionsmodelle. Da die zeitliche Depositionsmessung erst zum späteren Zeitpunkt vorlag, wurden zur Festlegung bzw. für den Ausschluss des cluster-by-cluster Modells beide Thioharnstoff-Typen (ES und LS) unter Standardbedingungen durchgeführt. Das unterschiedliche Reaktionsverhalten soll die Qualität der Daten liefern. Die Reaktion wurde bei definierten Reaktionszeiten abgebrochen[32], auf diese Weise konnte die entstandene Schichtdicke zu definierten Reaktionszeiten und Extinktionen zugeordnet werden. Um ein Vergleich der Reaktionsbedingungen zu erhalten,

---

[32] Der Abbruch erfolgte durch Verdünnen der warmen Reaktionslösung mit gleichem Volumen an kaltem Wasser (Abschrecken).

wurden bei allen Reaktionen die Extinktionsmessungen durchgeführt und anschließend miteinander verglichen. Da sämtliche Extinktionskurven beim ES-Thioharnstoff bezüglich der Steigung, Extinktionsmaximum und dem Zeitpunkt des Extinktionsmaximums gleich waren, ist es zulässig, die ermittelten Schichtdicken als eine Reihe miteinander zu vergleichen. Abbildung 4-21 zeigt die ermittelten CdS-Schichtdicken über die Reaktionszeit. Die Schichten unter 30nm konnten nicht mehr gemessen werden und wurden deswegen abgeschätzt.

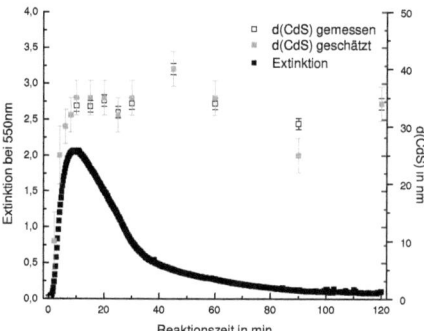

Abbildung 4-21: Abbruchreaktion eines ES-Thioharnstoffes. Aufgetragen ist die resultierende Schichtdicke nach dem Abbruch der Reaktion über die Reaktionszeit. Die Schichten wurden optisch geschätzt (**grau**) und mit einem Reflektometer gemessen (**schwarz umrandet**). Schichten unter 30nm konnten nicht mehr gemessen werden, sodass dort nur eine Schätzung vorliegt. Zum Vergleich wurde die Extinktionsmessung der Reaktion mit 120min aufgetragen (**schwarz**). Der Verlauf der Extinktionen war bei allen Reaktionen identisch und ist im Anhang in der Abbildung 0-2 dargestellt. Die Reaktionen wurden unter Standardbedingungen mit dem 0,5L Batch Aufbau durchgeführt. [Aus: Experiment KW058]

Der Verlauf der CdS-Schichtdicke zeigt beim Vergleich mit der Extinktion einen signifikante Erhöhung der Dicke, während die Extinktion ansteigt. Die Schicht ist, im Vergleich zu den Abbildungen 4-14 und 4-20, mit dem Extinktionsmaximum nahezu abgeschlossen. Zur genauen Festlegung wurde ebenfalls der LS-Typ des Thioharnstoffes verwendet. Die Ergebnisse der Abbruchreihe mit LS-Thioharnstoff sind jedoch auf den ersten Blick wegen nicht reproduzierbaren Extinktionskurven nicht aussagefähig. Abbildung 4-22 zeigt hierzu die Extinktionskurven.

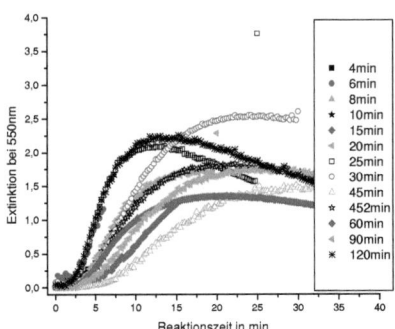

Abbildung 4-22: Extinktionskurven bei Abbruchreaktionen eines LS-Thioharnstoffes. Die Reaktionen wurden unter Standardbedingungen mit dem 0,5L Batch Aufbau durchgeführt. [Aus: Experiment KW063]

Auf den zweiten Blick können jedoch mehrere Gruppen gebildet werden, in denen die Extinktionskurven den gleichen Zeitpunkt des Extinktionsmaximums haben (vergleiche auch Abbildung 4-14 in Kapitel 4.3). Es wurden drei unterschiedliche Gruppen gebildet, mit denen die zeitliche Depositionsentwicklung visualisiert wurde. Abbildung 4-23 zeigt den Schichtdickenverlauf in Abhängigkeit von der Zeit und von dem Zeitpunkt des Extinktionsmaximums.

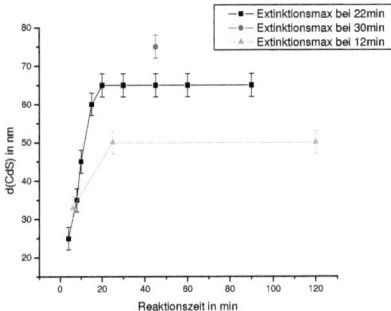

Abbildung 4-23: Resultierende CdS-Schichtdicke nach dem Abbruch der Reaktion beim LS-Thioharnstoff über die Reaktionszeit. Zeitliche Depositionsentwicklung in Abhängigkeit vom Zeitpunkt des Extinktionsmaximums. Die Reaktionen wurden unter Standardbedingungen mit dem 0,5L Batch Aufbau durchgeführt. [Aus: Experiment KW063]

Die angenommene Korrelation der resultierenden Schichtdicke mit dem Zeitpunkt des Extinktionsmaximums, wie sie in Abbildung 4-23 gedeutet werden kann, wurde separat untersucht. Dabei wurde die Schichtdicke über den Zeitpunkt des Extinktionsmaximums, wie sie auch bei der Temperaturvariation (Kapitel 4.3) dargestellt wurde, aufgetragen. Diese Auftragung ist in der Abbildung 4-24 dargestellt.

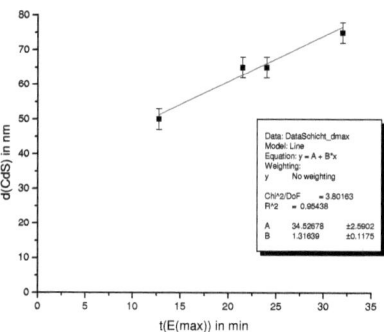

Abbildung 4-24: Resultierende maximale CdS-Schichtdicke über den Zeitpunkt des Extinktionsmaximums. Die Reaktionen wurden unter Standardbedingungen mit dem 0,5L Batch Aufbau durchgeführt. [Aus: Experiment KW063]

Bei dieser Darstellung lässt sich eine lineare Abhängigkeit der Schichtdicke mit dem Zeitpunkt des Extinktionsmaximums annehmen.

Dieses Verhalten wurde bei anschließenden Reaktionen durch QCM als zeitabhängige Depositionsmessung unterstützt. Das redundante und zeitlich überprüfte Depositionsverhalten zeigt sich geringfügig anders zu den oben dargestellten Ergebnissen. Die Schicht ist nicht mit dem Extinktionsmaximum abgeschlossen, nimmt in der Depositionsrate jedoch stark ab. Abbildung 4-25 zeigt zwei unterschiedliche Reaktionen, bei denen parallel die Extinktion und die Deposition in zeitlicher Abhängigkeit aufgenommen wurde.

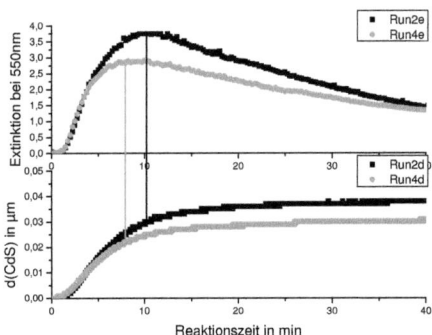

Abbildung 4-25: Extinktion (**oben**) und Deposition (**unten**) über die Reaktionszeit. Die Reaktionen wurden unter Standardbedingungen, jedoch mit unterschiedlichen NH_3-Konzentrationen und mit dem 0,5L Batch Aufbau durchgeführt.[Aus: Experiment KW072]

Diese Abbildung zeigt die grundlegende Erkenntnis, dass die Deposition mit dem Extinktionsmaximum nahezu abgeschlossen ist. Eine zeitlich geringfügige Verschiebung ist zu erkennen.

Aus diesem Experiment lassen sich mehrere Ergebnisse mitnehmen.

- Es ist eine direkte Korrelation zwischen der Schichtdicke und dem Zeitpunkt des Extinktionsmaximums vorhanden. Ungefähr 70% der CdS-Schicht ist zu dem Zeitpunkt des Extinktionsmaximums aufgebaut.
- Die Deposition ist zeitlich der Extinktion nachgestellt. Die Deposition verläuft auch nach dem Extinktionsmaximum weiter, nimmt aber kontinuierlich ab.
- Der Vergleich der Abbruchreihe mit der zeitlich aufgelösten Depositionsmessung mittels QCM bildet eine Redundanz der Messung und bestätigt beide analytischen Methoden. Die Interpretation dieser Ergebnisse auf Bestätigung oder Widerlegung eines Depositionsmodells wird in Kapitel 5.2 wieder aufgegriffen und erörtert.

4.7 Einfluss von Ultraschall auf die CdS-Reaktion im CBD

Bei unterschiedlich aufgebauten Reaktionen konnte in unregelmäßigen Abständen ein Sprung in der Extinktion beobachtet werden, ohne dass ein Grund ersichtlich war. Der Einfluss von

Personen auf das Experiment kann dabei ausgeschlossen werden. Ein solcher Extinktionssprung wird in der Abbildung 4-26 dargestellt. Zu sehen sind hier zwei größere spontane Sprünge in der Extinktion bei Reaktionszeiten um 45min und 85min.

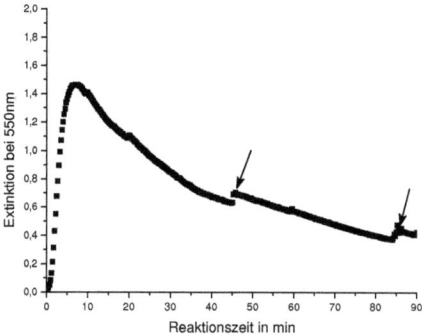

Abbildung 4-26: Extinktion über die Reaktionszeit. Während der Reaktion entstanden ohne sichtbaren Einfluss Extinktionssprünge. Die Reaktion wurde unter Standardbedingungen mit dem 0,5L Batch Aufbau durchgeführt. [Aus: Experiment KW058]

Da die Extinktion zu diesen Reaktionszeiten bereits am Abnehmen ist und die Deposition, wie in Kapitel 4.6 gezeigt, abgeschlossen ist, wird der Sprung bei der Folgereaktion des Clusterwachstums oder der Agglomeration zu Nanopartikeln stattfinden. Die spontane Erhöhung der Extinktion kann demnach nur zur Folge haben, dass CdS Cluster oder Nanopartikel zerstört werden. Die Freisetzung der bereits abgeschiedenen CdS-Moleküle kann nicht vollständig ausgeschlossen werden, sodass sich bei diesem Verhalten zwei Fragen ergeben. Primär besteht die Frage was die Ursache der Zerstörung ist, sekundär welche Auswirkung diese spontane Zerstörung der großen Partikel z.B. auf die Deposition hat.

Bei der Frage nach der Ursache des Einflusses wurde eine Vibration vermutet [Shi99]. Da sich in der Nähe des Labors Verdichter-Pumpen und Turbinen befinden, die in unregelmäßigen Abständen betrieben werden, besteht die Wahrscheinlichkeit, dass die Auswirkung der Vibrationen den Abzug, an dem die Reaktion stattfindet, erreicht und so das Reaktionsnetzwerk beeinflusst wird. Zur Belegung dieser These wurden Reaktionen mit Standardbedingungen in einem Ultraschallbad durchgeführt. Dabei wurde der gesamte Reaktor in ein Ultraschallbad eingetaucht. Damit der Wärmeverlust reduziert wird, wurde die

Wasservorlage im Ultraschallbad auf die gleiche Temperatur eingestellt wie der Thermostat des Reaktors. Während einer Reaktion wurde das Ultraschall bei definierten Reaktionszeiten für eine vorher definierte Zeit von ca. 5min eingeschaltet und die Extinktion beobachtet. Unmittelbar nach dem Einschalten des Ultraschalls wurde ein sprunghafter Anstieg der Extinktion beobachtet. Abbildung 4-27 zeigt vier solcher erzwungenen Sprünge in der Extinktion durch das Ultraschallbad.

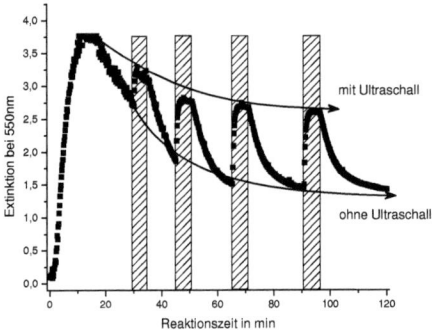

Abbildung 4-27: Extinktion über die Reaktionszeit. An vier Stellen wurde äußere Beeinflussung durch Ultraschall erzwungen. Die schraffierten Flächen geben den Zeitpunkt und die Dauer der Beschallung an. Die Reaktion wurde unter Standardbedingungen mit dem 0,5L Batch Aufbau durchgeführt. [Aus: Experiment KW066]

Wie die Abbildung 4-27 zeigt, steigt die Extinktion mit dem Einschalten des Ultraschalls, nimmt aber bei eingeschaltetem Ultraschall mit einer geringeren Steigung ab. Auf diese Weise entstehen zwei unterschiedliche Zustände der Extinktion, die davon abhängig sind ob eine Vibration vorliegt oder nicht. Sobald sich der äußere Vibrationseinfluss ändert, ändert sich die Extinktion dermaßen, dass sie auf den gleichen Wert zusteuert, als wenn die Einflussänderung bereits vorher stattgefunden hätte. Durch den Ultraschall wird ein Zustand angeregt, in dem eine höhere Konzentration an Partikeln vorliegt. Abwechselnd eingeschalteter Ultraschall mit gleichzeitiger zeitabhängiger Messung der Depositionsrate oder der Kontrolle der CdS Dicke durch Substrate zeigt in den Extinktionskurven ein identisches Verhalten. Die Auswertung der Depositionsrate und der Schichtdicken haben keine Änderungen gezeigt, sodass der Einfluss sich ausschließlich auf die Reaktion im

Volumen und nicht auf die Deposition erstrecken muss. Der hier erzwungene Einfluss konnte bis zum Zeitpunkt des Extinktionsmaximums nicht beobachtet werden, weder in der Extinktion noch in der Deposition. Die Auswirkung ist lediglich bei abfallender Extinktion sichtbar.

4.8 Einfluss des Volumen/Fläche-Verhältnisses auf das System

Bei den vorangegangenen Experimenten konnte beobachtet werden, dass der Extinktionswert des Maximums mit der Anzahl der Substrate oder genauer, mit der dargebotenen Fläche für die Deposition, variiert hat[33]. Wie weit die Deposition hiervon beeinträchtigt ist, soll in einer Variation des Volumen/Fläche-Verhältnisses gezeigt werden. Die Variation des Verhältnisses lässt sich auf zwei Wegen erreichen, entweder wird das Volumen der Prozesslösung variiert oder die Fläche wird variiert.

Die Flächenvariation ist in der Durchführung problematisch, da der Reaktor und die Leitungen zur Extinktionsmessung bereits eine große Eigenfläche haben. Weiterhin besteht die einzige Variation in der Anzahl der Substrate, die jedoch in einem Carrier befestigt werden. Der Unterschied zwischen eins, zwei, drei oder vier Substraten ist gesehen auf die Gesamtfläche minimal und führt nicht zu sichtbaren Effekten, sodass die Ergebnisse keine ausreichende Aussage zulassen.

Eine weitere Möglichkeit das Verhältnis zu ändern ist die Volumenvariation. Diese ist an den Aufbau der Reaktion gebunden. Die Mindestmenge konnte aufgrund der vollständig erforderlichen Benetzung der QCM auf 270ml festgelegt werden, die maximale Menge, begrenzt durch das Reaktorvolumen, auf 720ml. Für die Berechnung der Grundfläche wurden die Reaktorinnenwand, die Schlauchinnenwände, die Küvetteninnenwände und der Rührer einbezogen. Der QCM Messkopf bzw. die Substratflächen wurden separat hinzugerechnet. Ebenfalls wurde eingerechnet, dass sich mit einer Volumenänderung die Grundfläche, insbesondere die Reaktorinnenfläche, ändert. Bei einem eingesetzten Volumen von 360ml ergeben sich somit eine Grundfläche von 519mm² und eine Fläche des Messkopfes von 29,7mm². Die eingesetzten Volumina und die dazugehörigen Flächen sowie das Volumen/Fläche-Verhältnis sind in Tabelle 4-3.

---

[33] Bei Reaktionen mit und ohne Substraten wie z.B. bei c- und T-Variation (Kapitel 4.1 und 4.3)

Tabelle 4-3: Berechnete Volumen/Fläche-Verhältnisse bei verschieden eingesetzten Volumina. Es wurden sämtliche Oberflächen eines 0,5L Batch Aufbaus ohne Substrate und mit einer QCM Messung berücksichtigt.

Volumen in cm³	Fläche in cm²	Vol/Fläche in cm
270	544,4	0,474
300	545,9	0,528
330	547,3	0,581
360	548,7	0,634
420	551,5	0,740
540	557,2	0,948
640	561,9	1,118
720	565,6	1,252

Die Extinktionskurven der Variation der Volumina in dem Intervall von 270ml bis 720ml ist in der Abbildung 4-28 dargestellt, die entsprechenden Depositionskurven in Abbildung 4-29.

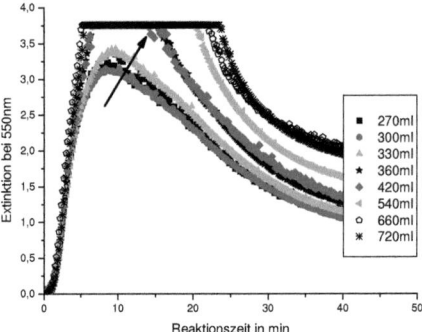

Abbildung 4-28: Zeitliche Darstellung der Extinktionskurven bei verschieden eingestellten Reaktionsvolumina. Die Reaktionen wurden unter Standardbedingungen mit dem 0,5L Batch Aufbau durchgeführt. [Aus: Experiment: KW077]

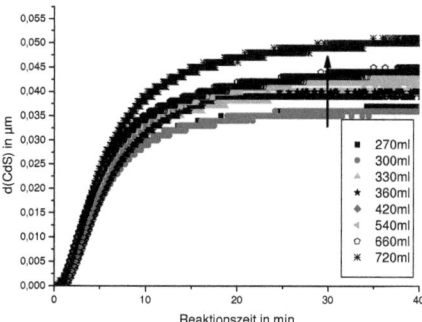

Abbildung 4-29: Zeitliche Darstellung der Deposition bei verschieden eingestellten Reaktionsvolumina. Die Reaktionen wurden unter Standardbedingungen mit dem 0,5L Batch Aufbau durchgeführt. [Aus: Experiment: KW077]

Die Extinktionskurven nehmen in der Abbildung 4-28 mit zunehmendem Volumen zu, diese Tendenz konnte auch bei Reaktionen ohne Substrateinsatz beobachtet werden. Wie es der Abbildung 4-29 zu entnehmen ist, nimmt mit der Variation des Volumens auch die Schichtdicke bei minimal ansteigender Depositionsrate zu. Beide oben gezeigten Abbildungen zeigen einen Anstieg der Geschwindigkeit der Reaktionen mit zunehmendem Volumen/Fläche-Verhältnis. Hier ist ebenfalls zu erkennen, dass das Extinktionsmaximum sich mit zunehmendem Volumen/Fläche-Verhältnis zu höheren Zeiten verschiebt, sowie dass das Maximum sehr deutlich ansteigt. Das Verbinden dieser Ergebnisse führt zu der Abbildung 4-30, die eine Auftragung der resultierenden CdS-Schichtdicke gegenüber dem berechneten Volumen/Oberfläche-Verhältnis zeigt.

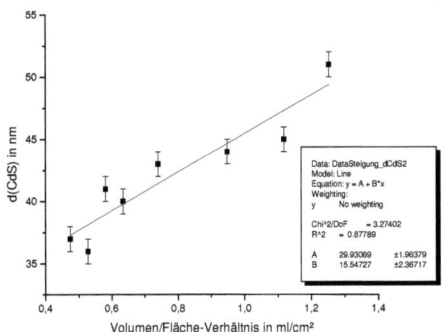

Abbildung 4-30: Resultierende CdS-Schichtdicke nach der Reaktion über das berechnete und eingestellte Volumen/Fläche-Verhältnis [Aus: Experiment KW077]

Hierbei lässt sich beobachten, dass mit dem zunehmenden Verhältnis ebenfalls die Schichtdicke zunimmt. Dieses Ergebnis zeigt, dass sich die Deposition ebenfalls mit der Variation des Volumens bzw. der zu beschichteten Fläche steuern lässt. Inwiefern eine selektive Steuerung möglich ist und welche Konsequenzen diese auf das Modell hat, soll weiter in Kapitel 5.4 diskutiert werden.

4.9 Autokatalyse der CdS-Bildung

Die Extinktion der CdS-Reaktion zeigt zu Beginn einer beliebigen Reaktion eine Verzögerung der Extinktion sowie der Deposition. Da jede chemische Reaktion sofort mit der maximalen Reaktionsgeschwindigkeit beginnt, besteht, neben einer möglichen Induktionsperiode der Keimbildung, bei diesem Verhalten die Vermutung, dass sich die Reaktion erst über eine Art Katalyse beschleunigt wird. Da die Steigung der Extinktion sowie die Änderung der Leitfähigkeit erst mit der Zeit auf ihr Maximum zugeht, kann an dieser Stelle weiterhin vermutet werden, dass der Katalysator erst bei der Reaktion gebildet wird. Eine Überlegung bestand, dass es sich bei dem katalytischen Molekül um CdS selbst handelt und dieses sich in einer Art Autokatalyse beschleunigt. Für die Erklärung der Vermutung wurde in einer Vorreaktion unter Einsatz unterschiedlicher Cadmiumacetat-Konzentrationen CdS gebildet. Es wurden Reaktionen mit der normalen Cadmium-Konzentration und dem vielfachen (1, 2, 4 und 10-fache Konzentrationen) davon durchgeführt. Die Lösungen wurden abgekühlt und nach einem Durchmischen dieser, wurde ein definiertes Volumen von 5ml dieser Lösung einer Reaktion unter Standardbedingungen[34] beim Start der Reaktion zugegeben. Auf diese Weise sollten die in der vorherigen Reaktionslösung dispergierten CdS-Partikel (Cluster und Nanopartikel) der Reaktion als Katalysator zugegeben werden. Eine Beeinflussung durch andere Parameter wie z.B. Verunreinigungen ist nicht möglich gewesen, da die vorgeschalteten Reaktionen sich lediglich in der Cadmium-Konzentration unterschieden hatten. Die einzige Möglichkeit bestünde in der Verunreinigung bei dem Edukt Cadmiumacetat. Bei der eingesetzten Menge ist dieses jedoch eher unwahrscheinlich. Sämtliche andere Parameter wurden konstant gehalten.

Der Verlauf der Extinktion aller in dieser Reihe durchgeführten Reaktionen war gleich. Dennoch ergab sich eine Differenz in unterschiedlicher Schichtdicke. Abbildung 4-31 zeigt die gebildete Schichtdicke gegenüber der zudosierten Menge an CdS, gemessen an dem Vielfachen der Standardkonzentration in der Vorreaktion.

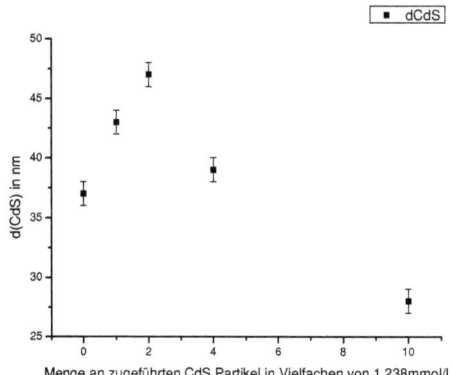

Abbildung 4-31: Schichtdicke am Ende des Prozesses über die Menge an zugegebenen CdS. Die Werte der Abszisse zeigen das Vielfache der eingesetzten Standardkonzentration von Cadmium aus einer Vorreaktion. Dieser Lösung wurden anschließend 5ml entnommen und einer frischen Reaktion unter Standardbedingungen zugefügt. Die Reaktionen wurden unter Standardbedingungen mit dem 0,5L Batch Aufbau durchgeführt. [Aus: Experiment KW070]

---

[34] Das zugegebene Volumen an CdS-haltiger Lösung wurde dem Volumen des zugegebenen DI-Wassers abgezogen, sodass das resultierende Volumen konstant blieb.

Das Ergebnis der Schichtdicke mit zugeführter Menge an CdS-Partikeln zeigt ein kontroverses Verhalten. Ausgehend von einer Standardreaktion (keine Zugaben der CdS-Partikel) steigt die Schichtdicke mit zunehmender Zugabe der CdS-Partikel. Dieses Verhalten würde die These einer Autokatalyse bestärken. Der Anstieg der Schichtdicke beschränkt sich jedoch nur auf das Intervall bis zur Zugabe von der zweifachen Cadmium-Konzentration bei der vorhergehenden Reaktion. Werden weitere CdS-Partikel zugegeben, wie es der Fall in dem Intervall von der 2fachen bis 10fachen Konzentration der Cadmium-Konzentration ist, so nimmt die abgeschiedene CdS-Schichtdicke deutlich wieder ab. Die These einer Autokatalyse wird mit diesem Ergebnis widerlegt. Die selektive Betrachtung wird in Kapitel 5.4 aufgegriffen.

Weitere Vermutungen, die das hemmende Verhalten der CdS-Bildung erklären könnten, liegen bei der Zersetzung des Thioharnstoff-Moleküls, einem Komplexgleichgewicht und bei der Theorie, dass das in Kapitel 3.4.3 vorgestellte und in Kapitel 4.2 auf die Kinetik untersuchte Formamidindisulfid eine vorgeschaltete Reaktion bilden. Die Diskussion bezüglich der Reaktionshemmung wird in Kapitel 5.2 und bezogen auf eine Simulation des vorgestellten Modells in Kapitel 5.5 aufgegriffen.

4.10 Analytik der CdS-Oberfläche

4.10.1 Transmissionselektronenmikroskopie (TEM)

Um die gebildete CdS-Schicht besser definieren zu können, wurde CdS auf Molybdän beschichtetes Glas abgeschieden und parallel zu der in Kapitel 4.6 erwähnten Experimentreihe zu drei definierten Zeitpunkten unterbrochen. Es wurden die Zeiten 10min, 30min und 120min gewählt, da zu diesen Zeitpunkten die Deposition nahezu als abgeschlossen gilt. Die Schichten wurden mit der TEM Messung untersucht. Mit den Aufnahmen sollte beobachtet werden, ob und wie sich die Schicht in Bezug auf die Größe der Partikel und Teilstruktur durch die Verweilzeit in der Mutterlauge ändert. Die Abbildung 4-32 und Abbildung 4-33 zeigen die mit TEM durchgeführten Aufnahmen bei Reaktionszeiten von 10min bis 120min.

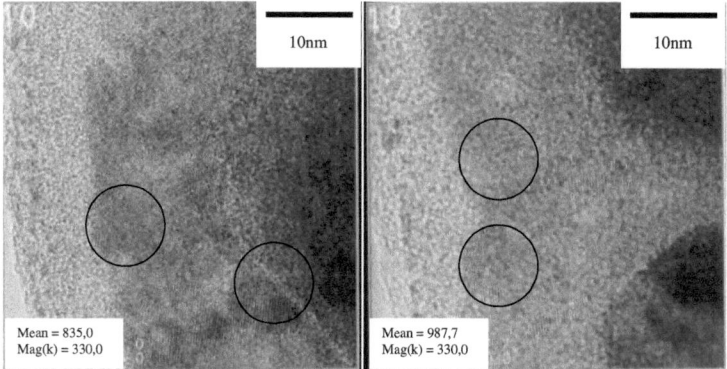

Abbildung 4-32: TEM Bilder einer CdS-Schicht auf Molybdänuntergrund nach einer Depositionsdauer von 10min [Aus: Experiment KW062]

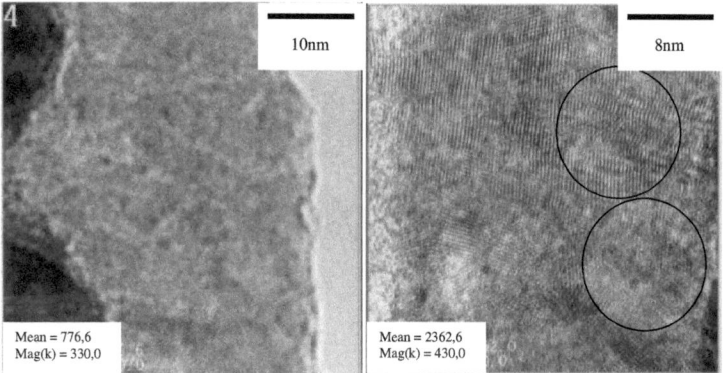

Abbildung 4-33: TEM Bilder einer CdS-Schicht auf Molybdänuntergrund nach einer Depositionsdauer von 30min (**links**) und 120min (**rechts**). [Aus: Experiment KW062]

Bei den Aufnahmen in der Abbildung 4-32 und Abbildung 4-33 zeigt sich in erster Linie, dass sich keine monokristalline Schicht, sondern eher eine dichte Packung aus bis zu 7-8nm großen Partikeln bildet. Weiterhin lässt sich den Abbildungen entnehmen, dass die Korngröße bereits nach 10min der Reaktion die Größe von 7-8nm erreicht. Mit der Verweilzeit der Schicht in der Mutterlauge ändert sich die Größe der Partikel nicht mehr, sie bleibt bei den

Größen von 7-8nm, sodass die gesamte Schicht aus gleich großen Körnern besteht, wie es in der Abbildung 4-33 zu erkennen ist.

Weiterhin zeigen die TEM Aufnahmen die Grenze der optischen Schichtdickenbestimmung. Da die untere Schicht aus Molybdän nicht planar ist und die CdS-Schicht glatt ist (z.B. Abbildung 4-33, links), entstehen lokal dickere Schichten. Was das Auge als Schicht erkennt ist je nach Häufigkeit der Oberflächenrauheit der Mittelwert der Schicht über eine definierte Fläche. Die in Abbildung 4-33 dargestellte Schicht wurde z.B. mit den optischen Messverfahren (sowohl FTP als auch der subjektive Farbeindruck) auf 30nm angenommen, die Abbildung zeigt aber, dass diese Dicken nur in den Mulden der unteren Schicht (hier: Molybdän) vorliegen, die tatsächliche Schicht variiert hier zwischen 15 und 30nm.

4.10.2 Röntgenbeugung (XRD)

Die beiden Thioharnstoff-Chargen zeigen unterschiedliches Reaktionsverhalten, insbesondere in der Depositionsgeschwindigkeit. Mit XRD Messungen sollte die Struktur der beiden Schichten miteinander verglichen werden. Für eine aussagefähige Messung sollten die Schichten gleich sowie besonders dick sein. Dazu wurden Reaktionen unter Standardbedingungen am gleichen Substrat wiederholt durchgeführt. Für vergleichbare Schichtdicken wurde die Reaktion mit dem ES-Thioharnstoff 8x wiederholt, die Reaktion mit dem LS-Thioharnstoff lediglich 4x. Zum Vergleich der Proben wurden diese vorher durch die REM Messung auf Schichtdicke kontrolliert. Abbildung 4-34 zeigt eine REM Messung von beiden Substratproben.

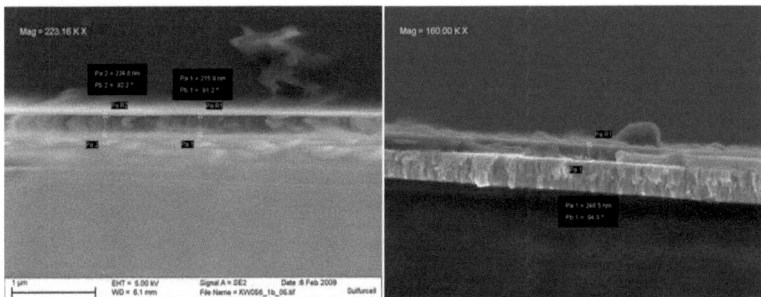

Abbildung 4-34: REM Bilder einer auf Molybdän abgeschiedenen CdS-Schicht. Die CdS-Schicht wurde mit ES-Thioharnstoff (**links**) mit acht Prozessen beschichtet, und mit LS-Thioharnstoff (**rechts**) mit vier Prozessen beschichtet. [Aus: Experiment KW056]

Beide Proben wurden anschließend mit XRD vermessen. Das XRD Spektrum der Proben ist in Abbildung 4-35 dargestellt. Hier wurde ein Peakmaximum bei $2\Theta = 26{,}5$ erwartet mit einer Peakbreite von ca. 5 [Jar97].

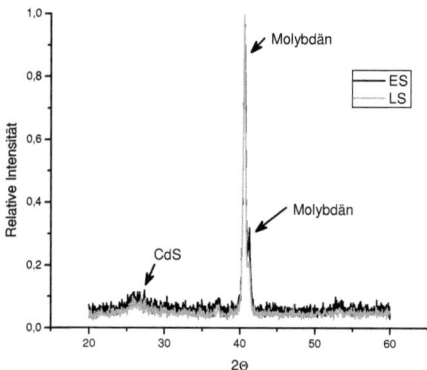

Abbildung 4-35: XRD-Messung von zwei CdS Proben. Die CdS-Schicht wurde mit ES-Thioharnstoff (**schwarz**) und LS-Thioharnstoff (**grau**) erstellt. Der erwartete Peak für CdS liegt bei $2\Theta=26$. Ein Unterschied zwischen den beiden Thioharnstoff-Chargen ist nicht zu erkennen. [Aus: Experiment KW056]

Zu erkennen sind ganz deutlich die Intensitätspeaks für Molybdän bei 2Θ um die Werte von 40-42. Die erwarteten Intensitäten für CdS bei den Werten um 26 sind nur schwach zu erkennen. Beide Werte sind von der Verschiebung her jedoch vergleichbar, sodass von identischen Strukturen ausgegangen werden kann. Der Schichtaufbau ist demnach bei beiden Thioharnstoff-Chargen gleich, der einzige Unterschied ist die entstehende Schichtdicke.

5 Diskussion

In diesem Kapitel werden sämtliche Ergebnisse ausführlich diskutiert. Dabei werden zuerst die allgemeinen Ergebnisse der angewandten Messungen der Extinktion, Leitfähigkeit und Deposition interpretiert. Weiterhin werden die Ergebnisse aus den vorangegangenen Kapiteln ausgewertet, die zur Verifikation des Depositionsmodells dienen. Auf diese Weise wird nach einem Ausschlussverfahren nur ein Modell für die Deposition von CdS auf Oberflächen angenommen. Mit dem angenommenen Modell wird anschließend die Kinetik der CdS-Bildung im CBD erörtert und quantifiziert. Weiterhin wird mit Hilfe der Kinetik die Möglichkeit der Steuerung der Selektivität in Bezug auf die Deposition diskutiert. Nach der gebildeten Grundlage des Systems (Modell und Kinetik) wird das erworbene Wissen mit einem Simulationsprogramm theoretisch erstellt und den praktischen Ergebnissen gegenübergestellt. Im Anschluss werden das hier angenommene Modell und die kinetischen Ergebnisse auf die in der Literatur beschriebenen Beobachtungen angewendet und mit ihnen verglichen. Zum Schluss wird das erworbene Wissen mit der Kinetik der Zn(S,O) Deposition verglichen und auf einen alternativen neuen Puffer transferiert.

5.1 Interpretation der Messdaten

Eine typische Extinktionskurve, wie sie mit dem beschriebenen Aufbau in Kapitel 3.1.2 entsteht, wird in der Abbildung 5-1 dargestellt. Diese zeigt, dass die Reaktion während der nasschemischen Deposition vier wesentliche Phasen aufweist.

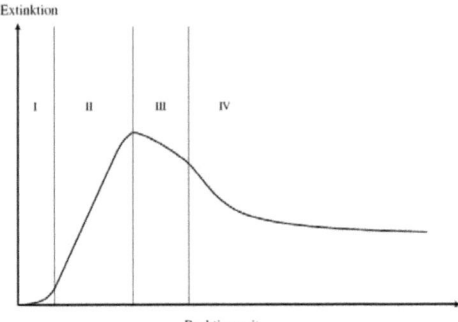

Abbildung 5-1: Extinktionskurve der CdS-Reaktion im CBD Prozess bei Wellenlängen zwischen 300nm und 900nm, wie sie bei einem isothermen Prozess bei Standardbedingungen über einen längeren Zeitraum bis zu 120min beobachtet wird. Die Zeit ist in vier Phasen aufgeteilt. Phase I: Reaktionshemmung, Phase II: Chemische Reaktion der CdS-Bildung, Phase III: Clusterbildung und Clusterwachstum, Phase IV: Clusteragglomeration zu Nanopartikel[35].

Bei der Vermischung der Edukte und den damit implizierten Start der Reaktion ist eine Art Hemmprozess zu erkennen. Während dieses Prozesses steigt die Extinktion nur schwach exponentiell an, wie sie in Phase I in der Abbildung 5-1 dargestellt wird. In der Phase II dieser Abbildung lässt sich ein linearer Anstieg der Extinktion beobachten. Wie bereits in Kapitel 2.5.1 bei dem Lambert-Beerschen-Gesetz angesprochen, ist die Extinktion proportional zu dem entstehenden Produkt CdS. Die chemische Reaktion der CdS-Molekülbildung findet statt. Aus der Steigung der Extinktion lassen sich die relativen Reaktionsgeschwindigkeiten der CdS-Bildung bestimmen. Im Anschluss werden eine kurze Stagnation und eine steile Abnahme der Kurve beobachtet (Phase III in Abbildung 5-1). Die Interpretation dieser Beobachtung, die durch die Depositionsmodelle des CBD Prozesses (Kapitel 2.5.1) und die Arbeit von LaMer [LaM50] unterstützt werden, ist eine dominierende Folgereaktion der Clusterbildung und des Clusterwachstums aus den CdS-Molekülen und kleineren Clustern. Durch die Bindung der CdS-Moleküle zu Clustern entsteht eine Abnahme der CdS-Konzentration (wenn hierbei alle CdS Gebilde wie Moleküle, Cluster und Nanopartikel verstanden werden). Dieses wird auch in der Abnahme der Extinktion beobachtet. Die Abnahme der Extinktion nimmt anschließend in der Phase IV stärker ab, der

---

[35] Definition in Kapitel 2.4.1.

Extinktionswert nähert sich asymptotisch einem Endwert an. Wird auch hier das Modell von LaMer angenommen, so ist es wahrscheinlich, dass zu diesem Zeitpunkt die Cluster zu Nano- und unter Umständen sogar zu Mikrogebilden agglomerieren (vgl. Abbildung 2-3). Die Übertragung der vorgestellten Reaktionszustände aus Abbildung 2-3 in Kapitel 2.4.1 in die gemessenen Extinktionskurven werden durch redundant durchgeführte Messungen der Leitfähigkeit des Systems bestätigt. Eine typische Leitfähigkeitskurve, wie sie bei dem beschriebenen Aufbau in Kapitel 3.1.2 entsteht, ist in der Abbildung 5-2 dargestellt. Diese zeigt, im Vergleich zu der Extinktionsmessung (siehe Kapitel 2.5.1 sowie Abbildung 5-1), ebenfalls mehrere Phasen entlang der Reaktionszeit.

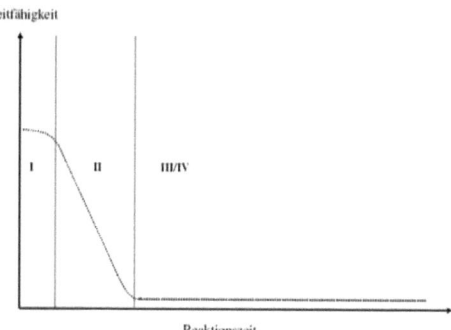

Abbildung 5-2: Leitfähigkeitskurve der CdS-Reaktion im CBD Prozess, wie sie bei einem idealen isothermen Prozess über einen längeren Zeitraum bis zu 60min beobachtet wird. Die Zeit ist in vier Phasen aufgeteilt. Phase I: Reaktionshemmung, Phase II: Chemische Reaktion der CdS-Bildung, Phase III: Clusterbildung und Clusterwachstum, Phase IV: Clusteragglomeration zu Nanopartikel.

Wie bereits bei der allgemeinen Extinktionsmessung lässt sich zu Beginn der Reaktion (markiert als Phase I in Abbildung 5-2) eine Hemmung der Reaktion erkennen. In der Phase der chemischen Reaktion (Phase II) wird ein nahezu linearer Rückgang der Leitfähigkeit verzeichnet. Dieses unterstützt die These der CdS-Molekülbildung in diesem Zeitabschnitt der Reaktion. Betrachtet man sämtliche potenziellen Reaktionen, so ist nur bei der CdS-Molekülbildung eine starke Abnahme der Ionen zu verzeichnen. Zusätzlich handelt es sich hierbei um zweifach geladene Cadmiumionen, die einen starken Einfluss auf den Leitwert ausüben, sodass berechtigterweise angenommen werden kann, dass es sich bei der Abnahme der Leitfähigkeit um die direkte Messung der CdS-Molekülbildung handelt. Nicht mehr deckungsgleich mit der Extinktion ist das Verhalten der Konduktometrie in der Phase III und IV. Der Leitwert bleibt auf dem erreichten minimalen Niveau konstant. Die Konstanz des Leitwertes bestärkt die Interpretation, dass am Minimum der Leitwertmessung keine Reaktionen mit Ionen mehr stattfinden.

Die dritte zeitaufgelöste Messung betrifft die Deposition. Der allgemeine Verlauf der Depositionskurve verhält sich reziprok zu der Leitfähigkeitsmessung. Wie bereits bei der Extinktions- und der Leitfähigkeitskurve, ist auch bei der Deposition eine Hemmung der Reaktion zu sehen (Phase I). Anschließend wächst die Schicht (in Phase II) linear, bis sie ihr Maximum asymptotisch erreicht und bei dieser Schichtdicke bleibt (Phase III+IV). Abbildung 5-3 zeigt eine typische Depositionskurve, wie sie soeben beschrieben wurde.

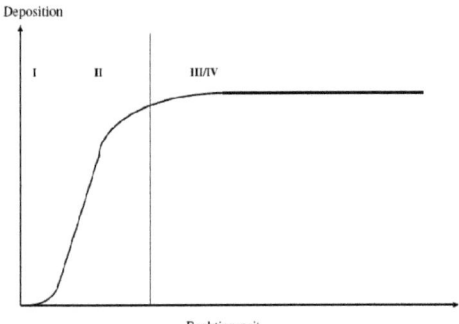

Abbildung 5-3: Depositionskurve der CdS-Reaktion im CBD Prozess, wie sie bei einem isothermen Prozess über einen längeren Zeitraum bis zu 60min beobachtet wird. Die Zeit ist in vier Phasen aufgeteilt. Phase I: Reaktionshemmung, Phase II: Chemische Reaktion der CdS-Bildung, Phase III: Clusterbildung und Clusterwachstum, Phase IV: Clusteragglomeration zu Nanopartikel.

Mit dem Start der Extinktion und Abfall der Leitfähigkeit wächst die Schicht. Das Wachstum ist anschließend, wie in Kapitel 4.6 dargestellt, zeitlich versetzt und endet nachdem das Extinktionsmaximum erreicht worden ist.

Alle drei zeitlich aufgelösten Messungen geben das reale Verhalten der Reaktion wieder und bestätigen die These, dass eine vergleichbare Reaktionskaskade stattfindet, wie sie LaMer bereits bei seiner Arbeit angegeben hatte [LaM50].

Bei genauer Betrachtung des Verhaltens der Extinktion, sowie des Reaktionsnetzwerkes und der Depositionsmodelle, gehen bei der Extinktion in erster Linie die Molekülbildung sowie die Deposition und die Clusterbildung mit ein. Die Agglomeration zu Nanopartikeln kann als nachgeschaltete Reaktion des Clusterwachstums bei dieser Betrachtung bis zum Extinktionsmaximum vernachlässigt werden. Gleichung 5-1 zeigt die erwarteten Einflüsse der Reaktionen auf die Extinktion bis zum Erreichen des Extinktionsmaximums.

$$\frac{dE_\lambda}{dt} \approx \frac{dc(CdS_l)}{dt} = k_{CdS}\frac{c(Thio)^x \cdot c(Cd^{2+})^y}{c(NH_3)^z} + \sum_{n=2}^{100} k_{cluster} c(CdS)^n - k_{dep}\frac{c(Thio)^a \cdot c(Cd^{2+})^b}{c(NH_3)^c} \cdot A - \sum_{n=100}^{\infty} k_{cluster} c(CdS)^n$$

(Gl. 5-1)

Extinktion = CdS inkl. Indirekter Messung durch kleine Cluster - CdS auf Oberfläche - Cluster

Mit:

E_λ = Extinktionswert bei definierter Wellenlänge

CdS_l = CdS in der Lösung (Moleküle, Cluster und Nanopartikel)

k_{CdS} = temperaturabhängige Reaktionsgeschwindigkeitskonstante für die CdS-Molekülbildung

k_{dep} = temperaturabhängige Reaktionsgeschwindigkeitskonstante für die CdS-Deposition

A   = Fläche für mögliche Deposition

$k_{cluster}$ = temperaturabhängige Reaktionsgeschwindigkeitskonstante für die CdS-Clusterbildung und Clusterwachstum

Bei einer Deposition von Molekülen oder Clustern sind die Exponenten a = x, b = y und c = z, bzw. der gesamte Quotient vereinfacht als c(CdS) darstellbar.

Obwohl die CdS-Moleküle nicht direkt im sichtbaren Spektrum gemessen werden können (siehe auch Kapitel 2.5.1 und 3.2), ist dennoch die Änderung des Extinktionskoeffizienten direkt von der Bildungsgeschwindigkeit der CdS-Moleküle abhängig und gibt die Reaktionsgeschwindigkeit dieser Reaktion wieder, wie die Messung des Leitwertes bestätigt. Die Unschärfe dieser indirekten optischen Messung bereiten jedoch die parallel bzw. nachgeschaltete Deposition und das nachgeschaltete Clusterwachstum, sowie die Agglomeration zu größeren Gebilden. Zu Beginn der Reaktion können größere Cluster vernachlässigt werden. Diese sind sehr stark von der CdS-Molekül-Konzentration abhängig, sodass sie zu Beginn der Reaktion kaum Einfluss ausüben. Auf diese Weise nimmt die Reaktionsgeschwindigkeit zu Beginn deutlich langsamer zu und die Ungenauigkeit der Messung nimmt ab. Der Depositionsterm als Unschärfe geht dagegen stärker ins Gewicht ein. Bei dem ion-by-ion Modell geht dieser direkt proportional mit der Konzentration der Edukte ein. Diese Unschärfe nimmt bei dem molecule-by-molecule Modell ab, sodass es hier lediglich von der Konzentration der gebildeten CdS-Moleküle abhängig ist. Bei dem Cluster-by-cluster Modell ist die Unschärfe dagegen vernachlässigbar, da diese erst zum späteren Zeitpunkt stattfindet, zu welchem keine Auswertung der Extinktion durchgeführt wird.

Beim näheren Vergleich der Deposition mit der eingesetzten Stoffmenge einer Standardkonzentration, werden insgesamt ca. 14% der gebildeten CdS-Moleküle abgeschieden. Bis zur Bestimmungsmöglichkeit der maximalen Steigung der Extinktion ist die Schicht wie in Kapitel 4.6 zu sehen ist höchstens zu 50% abgeschlossen. Die Selektivität, d.h. der Anteil an CdS in der abgeschiedenen Schicht, wie sie nach Gl. 5-2 berechnet wurde kann daher auf ca. 7% reduziert werden. Die restlichen 93% vom eingesetzten Cadmium verbleiben in der Lösung und werden mit der Spektrometrie detektiert.

$$S_{dep} = \frac{n_{dep}}{n_{Cd}} = \frac{m/M}{c(Cd)/V_{PL}} = \frac{V_{dep} \cdot \rho/M}{c(Cd)/V_{PL}} = \frac{d \cdot A_{dep} \cdot \rho/M}{c(Cd)/V_{PL}} = 14{,}4\%$$ (Gl. 5-2)

Mit:

S_{dep}	= Selektivität bezogen auf das gewüschte Produkt von abgeschiedenen CdS
d	= Schichtdicke der CdS-Deposition am Ende der Reaktion (hier: 35nm)
A_{dep}	= Gesamtfläche der Deposition (Reaktorwand + Schlauchinnenwände + Küvette + Substrate oder QCM Sensor) (548,7cm² mit QCM)
ρ	= Dichte von CdS (4,82g/cm³)
M	= Molare Masse von CdS (144,42g/mol)
c(Cd)	= Konzentration von Cadmium als Indikator für die Konzentration von CdS (1,238mmol/l)
V_{PL}	= Reaktionsvolumen (360ml)
V_{dep}	= Volumen der CdS-Schicht
M	= Masse der CdS-Schicht
n_{dep}	= Stoffmenge der abgeschiedenen CdS-Moleküle
n_{Cd}	= Stoffmenge der Unterschusskomponente Cadmium, damit auch die maximal mögliche Stoffmenge der CdS-Moleküle

Die Tatsache, dass mindestens 93% der gebildeten CdS-Moleküle beobachtet werden können, lässt die Messung und Bestimmung der Reaktionsgeschwindigkeit der Molekülbildung anhand der Steigung der Extinktion zu. Mit dieser Grundlage und den bereits vorhandenen Experimentergebnissen können die einzelnen Depositionsmodelle nun kritisch hinterfragt werden.

5.2 Modell der Deposition

Die drei zu Beginn vorgestellten Modelle (Kapitel 2.4.1), ion-by-ion, molecule-by-molecule und cluster-by-cluster, unterscheiden sich nicht nur in der Größe der abscheidenden Teilchen (Ionen/Moleküle/Partikel) sondern auch in der Art der Deposition. Hierbei kann primär zwischen einer molekularen Deposition, wie sie bei dem molecule-by-molecule Modell vorliegt, einer partikulären Deposition, wie sie bei dem cluster-by-cluster Modell vorliegt und einer heterogenen Reaktion von Ionen an der Oberfläche differenziert werden. Der wesentliche Unterschied der Depositionsarten ist die Art der Teilchen, die mittels der Konvektion in der Lösung und Diffusion an der Grenzfläche transportiert werden. Um auf dieser Grundlage Argumente für oder gegen ein Modell zu finden, wurde die Re-Zahl (Kapitel 4.5) in dem System variiert. Die Grundüberlegung ist hier, dass sich bei einer konstanten Konzentration und einer definierten Konvektion die Konzentration der Edukte an der Oberfläche durch die Diffusion und die Grenzfläche auf einen bestimmt Wert einstellen. Da die Diffusion für den gleichen Stoff und Medium konstant ist, lässt sich die Konzentration der Edukte an der Oberfläche mit der Grenzschicht regulieren. Je höher die Rührleistung (Re-Zahl), desto dünner wird die Grenzschicht und desto höher ist die Konzentration der an der Oberfläche liegenden Edukte. Abbildung 5-4 soll dieses veranschaulichen.

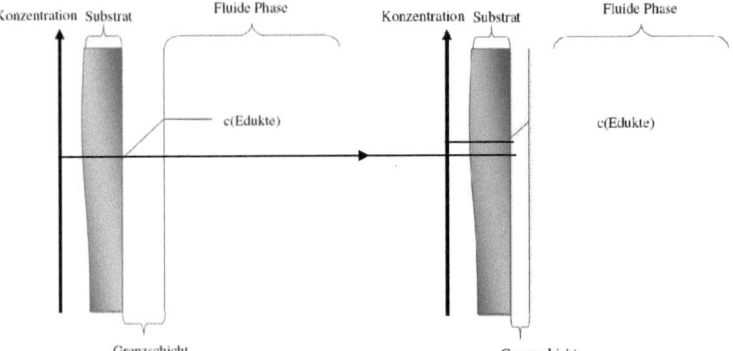

Abbildung 5-4: Diffusionsbezogener Konzentrationsgradient an der Grenzschicht zwischen einer flüssigen und festen Phase. Von Links nach Rechts nimmt die Grenzschicht durch höhere Rührung ab und damit die Konzentration der Edukte an der Substratoberfläche zu.

Unter der Annahme einer schnellen chemischen Oberflächenreaktion, würde die Reaktionsgeschwindigkeit an der Oberfläche durch die erhöhte Konzentration der Edukte zunehmen und somit die resultierende Schicht dicker sein. Ist die Reaktion dagegen sehr langsam (langsamer als die Diffusion), so sollte sich mit der Abnahme der Grenzschicht die Reaktionsgeschwindigkeit nicht verändern, da diese ihr Maximum bereits erreicht hat. Eine Stagnation der Schichtdicke mit zunehmender Re-Zahl wäre das Ergebnis. Die Ergebnisse aus Kapitel 4.5 zeigen jedoch eine kontinuierliche Abnahme der gebildeten CdS-Schicht mit zunehmender Konvektion. Die erste Andeutung konnte in der optischen Messung der Schichtdicken im Intervall von $Re = 74$ bis $Re = 13000$ beobachtet werden (Abbildung 4-17). Durch die optische Schichtmessung und Aufteilung der Reaktion über mehrere Tage wurde nahe dem turbulenten Bereich eine abrupte Reduktion der Schicht erfasst. Mit einer erneuten Experimentreihe und der zusätzlichen zeitlich aufgelösten Messung der Schichten mit QCM konnte dagegen eine langsamer Rückgang der Schichtdicken mit zunehmender Re-Zahl beobachtet werden (Abbildung 4-20). Aus dieser Beobachtung wird das Modell der heterogenen Deposition (ion-by-ion Modell) ausgeschlossen. Eine Abnahme der Schicht mit zunehmender Re-Zahl lässt sich nur erklären, wenn Moleküle oder Partikel abgeschieden werden, die mit zunehmender Strömung wieder von der Oberfläche abgetragen werden.

Einen weiteres Argument gegen die heterogene Reaktion wird bei dem Vergleich der zeitlich aufgelösten Extinktionsmessung mit der Depositionsmessung (siehe auch Abbildung 4-25 in Kapitel 4.6) sichtbar. Abbildung 5-5 zeigt die Extinktions-, Depositions- und Leitwertdaten einer Reaktion unter Standardbedingungen bei gleicher Abszissenskalierung.

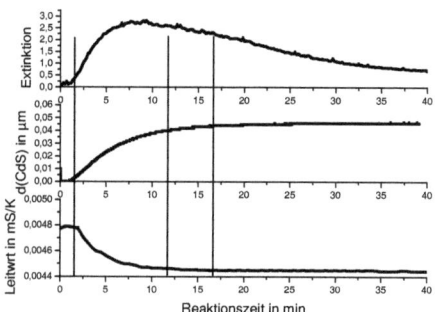

Abbildung 5-5: Zeitliche Auflösung der Extinktion (**oben**), Deposition (**mitte**) und Leitfähigkeit (**unten**). Die Reaktionen wurden unter Standardbedingungen mit dem 0,5L Batch Aufbau durchgeführt. [Aus: Experiment KW079]

Die Gegenüberstellung der Ergebnisse zeigt deutlich, dass die Deposition erst stattfindet, wenn sich die Extinktion und der Leitwert ändern. Damit ist sie der CdS-Molekülbildung nachgeschaltet. Die CdS-Schicht fängt erst an zu wachsen, nachdem die Extinktion und der Leitwert eine Änderung zeigen, genauso wie die Schicht noch eine Zeit lang weiter wächst, obwohl die Extinktion ihr Maximum erreicht hatte und bereits am Rückgang ist (dominierende Clusterbildung und Clusterwachstum). Für eine grundlegende Aussagekraft, dass nur eine Deposition von Molekülen oder Partikeln stattfindet und das ion-by-ion Modell nicht angewendet werden kann, muss an dieser Stelle noch gezeigt werden, dass die Deposition noch weiter ansteigt, während sämtliche Ionen für eine heterogene Reaktion verbraucht wurden. Dieses konnte mit der parallel durchgeführten Messmethode der Leitfähigkeit dargelegt werden, die ebenfalls in der Abbildung 5-5 gezeigt wird. Während bei der Extinktion das Maximum beobachtet wird, verändern sich die Schichtdicke und die Leitfähigkeit weiterhin. Nach einer weiteren Zeit von ca. 12min erreicht die Leitfähigkeit ihr Minimum während die Deposition nur geringfügig, aber dennoch über einen Zeitraum von ca. 10min, weiter ansteigt.

Da die Leitfähigkeit sich ab diesem Zeitpunkt nicht mehr ändert, kann davon ausgegangen werden, dass sämtliche Ionen gebunden wurden oder dass zumindest ein Gleichgewicht eingestellt wurde. Da außer der Zersetzung von Thioharnstoff keine Entstehung von Ionen erwartet wird und Cadmium durch die zweifache Ladung ein starkes Ion ist, kann mit der Stagnation der Leitfähigkeit die vollständige Bindung der Cadmiumionen angenommen werden. Die Gleichgewichtreaktion der CdS-Molekülbildung ist durch das sehr kleine Löslichkeitsprodukt (Gl. 5-3) der Edukte nahezu auf der Produktseite.

$$k_{hin} \cdot c(Cd^{2+}) \cdot c(S^{2-}) = k_{rück} \cdot c(CdS)$$

$$a(Cd^{2+}) \cdot a(S^{2-}) = LP = 10^{-28} \frac{mol^2}{l^2} \qquad \text{(Gl. 5-3)}$$

mit

$c = a \cdot f$

a = Aktivität

f = Aktivitätskoeffizient

Wegen der geringen Konzentration von maximal 1,24mmol/l kann von Aktivitätskoeffizienten mit dem Wert von nahezu 1, also einer idealen Lösung, ausgegangen werden.

Mit dieser Grundlage wird wiederum rückführend gezeigt, dass ab dem Zeitpunkt des Leitwertminimums nahezu keine Edukte für die CdS-Bildung mehr in der Lösung vorliegen. Spätestens zu diesem Zeitpunkt wäre das Ende der heterogenen Reaktion erwartet, die Schicht dürfte nicht mehr wachsen. Da die Schicht, zwar abnehmend, aber weiter wächst, muss von einer der CdS-Molekülbildung nachgeschalteten Reaktion ausgegangen werden. Dieses ist nur im Falle einer molekularen oder partikulären Deposition möglich. Somit wird die heterogene ion-by-ion Deposition für das CdS Wachstum an Oberflächen als dominierendes Modell ausgeschlossen.

Die beiden nun übrigen Depositionsmodelle der molecule-by-molecule und cluster-by-cluster Abscheidung unterscheiden sich in der Größe des abscheidendes CdS und dem Zeitpunkt der Deposition. Mit der Größe variiert auch der Transport an die Oberfläche und die dortige

Adhäsion sowie das Kristallwachstum. Bei der Unterscheidung, welches der beiden Modelle hier angewandt werden kann, hilft die genaue Betrachtung und Interpretation der Extinktion einer Reaktion.

Mit der linearen Steigung der Extinktion wird die Konzentration von kleinen CdS-Partikeln gemessen und damit auch indirekt die chemische Reaktion der CdS-Molekülbildung beobachtet. Sie beginnt nach der Phase I der Reaktionshemmung in Phase II des Verlaufes der Extinktion (Kapitel 5.1) und neigt sich mit dem Extinktionsmaximum dem Ende zu. Das anschließende Clusterwachstum in der Mutterlauge zu größeren Clustern beginnt erst mit einer höheren Konzentration der CdS-Moleküle sowie kleinerer Cluster. Unter den gegebenen Umständen wird angenommen, dass diese Reaktion zeitversetzt zu der CdS-Molekülbildung stattfinden muss. Sie müsste zu dem Zeitpunkt ansteigen, an welchem die Steigung der Extinktion bzw. des Leitwertes langsam am Abnehmen ist. Abbildung 5-6 zeigt zur Veranschaulichung die Extinktion, den Leitwert und den vermuteten Verlauf des Clusterwachstums.

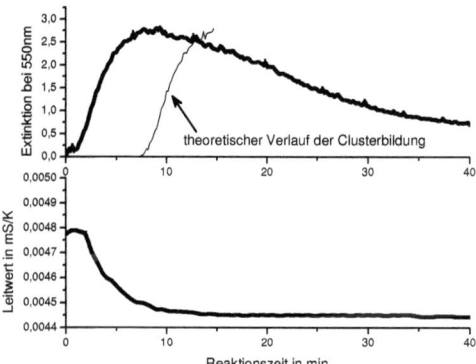

Abbildung 5-6: Vermutete zeitlich aufgelöste Clusterbildung im Vergleich zu der Extinktion (**oben**) und der Leitwert-Messung (**unten**). Die Reaktionen wurden unter Standardbedingungen mit dem 0,5L Batch Aufbau durchgeführt. [Aus: Experiment KW079]

Das Clusterwachstum sollte demnach die maximale Reaktionsgeschwindigkeit zu dem Zeitpunkt annehmen, an dem die Extinktion und der Leitwert am Abfallen sind. Eine Deposition nach dem cluster-by-cluster Modell müsste ebenfalls zum relativ späten Zeitpunkt der Phase II beginnen und sich entlang der Phase III, in der das Clusterwachstum hauptsächlich durchgeführt wird, fortsetzen. Da die Clusterdeposition erst nach der Bildung von Clustern stattfinden kann, ist diese dem Clusterwachstum in der Mutterlauge nachgeschaltet. Die Deposition sollte damit auch noch stattfinden, wenn das Clusterwachstum bereits abgeschlossen ist und die Agglomeration dominiert. Vergleich man hier erneut den Extinktions- und Depositionsverlauf einer Reaktion, so beginnt das Schichtwachstum unmittelbar nach dem Anstieg der Extinktion bzw. dem Abfall vom Leitwert. Ein Clusterwachstum größerer Gebilde ist zu diesem Zeitpunkt aufgrund der noch geringen Konzentration der CdS-Moleküle unwahrscheinlich. Ebenfalls nimmt das Depositionswachstum mit der Phase III ab (ab Zeitpunkt der maximalen Extinktion). Bei einer Clusterdeposition wäre zu diesem Zeitpunkt ein Anstieg bzw. die maximale Deposition erwartet. Abbildung 5-7 zeigt die hier erwartete Entwicklung der Clusterbildung anhand der Extinktions- und Depositionsdaten.

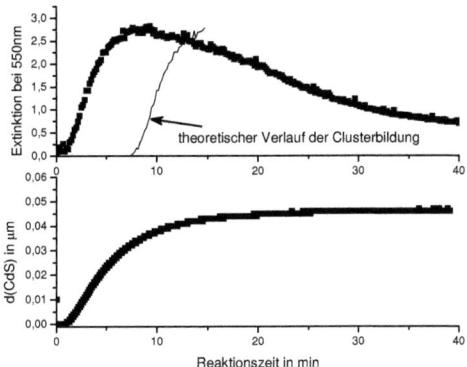

Abbildung 5-7: Vermutete zeitlich aufgelöste Clusterbildung im Vergleich zu der Extinktion (oben) und der Deposition (unten). Die Reaktionen wurden unter Standardbedingungen mit dem 0,5L Batch Aufbau durchgeführt. [Aus: Experiment KW079]

Mit dem Zeitpunkt des Maximums der Extinktion ist die Molekülbildung zum größten Teil abgeschlossen und das Clusterwachstum bei seiner maximalen Geschwindigkeit. Dennoch ist die Depositionsrate zu diesem Zeitpunkt beinahe abgeschlossen und die Abscheidungsrate nimmt kontinuierlich ab. Diese Abscheidungsart hätte bei dem cluster-by-cluster Modell wegen dem nachgeschalteten Verlauf noch vor ihrem Reaktionsgeschwindigkeitsmaximum sein müssen. Dass es sich bei der Deposition nicht um große Partikel wie Cluster handelt, bestärken die Ergebnisse aus Standardreaktionen mit einem extern angelegten Ultraschall. Durch den externen Ultraschall wird ein Anstieg der Partikelkonzentration in der Phase III und IV der Extinktionsmessung sichtbar gemacht, ohne dass die CdS-Schicht zu diesem Zeitpunkt weiter ansteigt (Abbildung 4-27 in Kapitel 4.7). Durch den Ultraschall werden große Cluster oder Nanopartikel in ihrer Struktur zerstört und zerkleinert. Die Zerstörung ist mit dem Anstieg der Extinktion deutlich sichtbar. Die Deposition ist trotz des Phänomens unverändert, die Erhöhung der Extinktion durch Ultraschall führt zu keiner zusätzlichen Deposition bei. Der Anstieg der Extinktion übersteigt jedoch nicht den Maximalwert und nimmt auch in angeregtem Zustand langsam ab. Abbildung 5-8 zeigt eine Erhöhung der Extinktion durch Ultraschall und die dazugehörige Depositionsmessung.

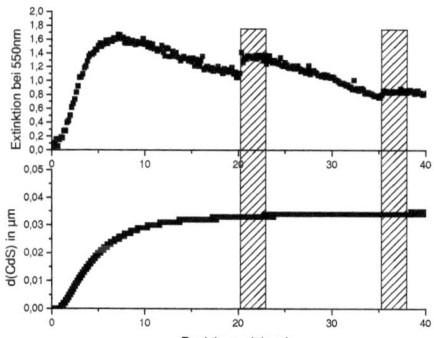

Abbildung 5-8: Zeitlich aufgelöster Verlauf der Extinktion und Deposition einer Reaktion unter Einfluss von Ultraschall. Die Reaktionen wurden unter Standardbedingungen mit dem 0,5L Batch Aufbau durchgeführt. [Aus: Experiment KW078]

Wie bereits angedeutet, ist zu den Zeitpunkten, an denen Ultraschall Einfluss auf das System ausüben sollte, kein Unterschied bei der Deposition erkennbar. Diese Beobachtung impliziert die Schlussfolgerung, dass die Partikel nicht vollständig auf einzelne Moleküle oder kleine Cluster reduziert werden und dass trotz der Spaltung der Partikel diese unter Ultraschall weiter wachsen. Bei der gegenwärtig vorliegenden Reaktionsfolge wäre die Vermutung, dass es sich um die Zerstörung der Nanopartikel handelt, die wieder zu Clustern reduziert werden. Der anhaltende Abfall der Extinktion hätte dann zur Folge, dass das Clusterwachstum dennoch anhält.

Unter der oberen Annahme, müsste nach dem cluster-by-cluster Modell, bei eingeschaltetem Ultraschall eine additive Deposition stattfinden, da die Agglomerate (Nanopartikel) zerstört werden. Eine Zunahme der CdS-Schicht wird jedoch zu diesem Zeitpunkt nicht beobachtet. Durch die Änderung der Extinktion beim Ultraschall scheint die Agglomeration der CdS Cluster unterbunden bzw. rückgängig gemacht werden. Da aber dennoch eine Abnahme der Extinktion ohne eine zusätzliche Deposition zu sehen ist, wird daraus gefolgert, dass ein Clusterwachstum stattfindet eine Clusterdeposition jedoch nicht.

Ein weiteres Beispiel für die Deposition von Molekülen, anstatt von Clustern, ist das Reaktionsverhalten bei der Variation der Konzentration von Thioharnstoff (Kapitel 4.1 und Abbildung 4-7). Mit Zunahme der Konzentration dieses Eduktes konnte eine Zunahme der Extinktion beobachtet werden, gleichzeitig aber eine deutliche Abnahme der Deposition. Während bei den Verläufen der Extinktion zu erkennen ist, dass die Konzentration der Cluster mit zunehmender Menge an Thioharnstoff zunimmt[36], nimmt gleichzeitig die resultierende CdS-Schicht ab. Eine Abscheidung von größeren Partikeln wie Clustern oder Nanopartikeln als dominierendes Depositionsmodell wird nach diesen Ergebnissen ausgeschlossen.

Die analytischen Untersuchungen der CdS-Schicht in Kapitel 4.10 bringen zwei zusätzliche Aspekte zu dem Schichtaufbau. Durch die Röntgenbeugung (Kapitel 4.10.2) der multilayer CdS-Schicht mit LS- und ES-Thioharnstoff, konnte durch die vergleichbare Überlagerung des CdS Peaks die gleiche Schichtstruktur nachgewiesen werden. Genauere Betrachtung der Schichten mittels der Transmissionselektronenmikroskopie (Kapitel 4.10.1) lieferten gleichzeitig die Schichtstruktur. Dabei konnten durch die raue Oberfläche, auf die CdS abgeschieden wurde, Unterschiede bis zu 10nm in der Dicke beobachtet werden. Die Bilder zeigen weiterhin, dass die Unebenheiten der unteren Schicht durch das CdS gefüllt werden und die Oberfläche auf diese Weise geglättet wird. Aufgrund dieser Bilder und der oben diskutierten Betrachtung des Depositionsmodells wird eine dominierende molecule-by-molecule Deposition angenommen, die nach Frank-van-de-Merve abgeschieden wird.

---

[36] Zeichnet sich durch die geringeren Extinktiosnwerte bei gleicher Steigung, sowie durch höher Extinktiosnwerte am Ende der Reaktion ab.

Das auf Basis der vorliegenden Daten bestehende Modell bei der nasschemischen Deposition ist nun in der Abbildung 5-9 dargestellt.

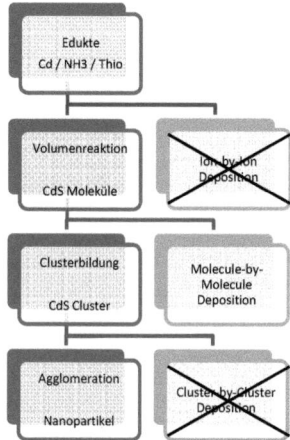

Abbildung 5-9: Sequenzielle Darstellung des Reaktionsnetzwerkes im CBD. Reaktionen in der Mutterlauge (**dunkel grau, links**) und die Depositionsmodelle (**hell grau, rechts**). Anhand der bisherigen Ergebnisse und der zugrunde liegenden Diskussion konnten die Modelle der ion-by-ion und cluster-by-cluster Deposition ausgeschlossen werden.

Die Abbildung zeigt alle möglichen Depositionsmodelle, sowie die Abfolge der Reaktionen in der Lösung. Dabei wird das ion-by-ion Modell nach der Diskussion im oberen Abschnitt als mögliche dominierende Depositionsart ausgeschlossen. Nach der oben erwähnten Diskussion wird ebenfalls das cluster-by-cluster Modell ausgeschlossen, sodass nur das molecule-by-molecule Modell als dominierende Deposition von CdS übrig bleibt.

Das gesamte Reaktionsnetzwerk fängt schließlich bei der CdS-Molekülbildung an. Dieser Reaktion ist sowohl die Deposition der gebildeten CdS-Moleküle als auch eine Clusterbildung bzw. ein Clusterwachstum nachgeschaltet. Dem Clusterwachstum ist desweiteren eine Agglomeration der Cluster zu Nanopartikeln nachgestellt.

Die der CdS-Molekülbildung nachgeschalteten Reaktionen des Clusterwachstums und der Deposition konkurrieren um das Produkt des CdS-Moleküls. Dieses ist der Ansatzpunkt, an dem, bedingt durch die Konkurrenz um die CdS-Moleküle, mit geeigneter Parameterwahl eine Reaktion gegenüber der anderen besonders beschleunigt werden könnte. Auf diese Weise lässt sich eine Selektivität von einer der beiden Reaktionen (hier: Deposition) erreichen. Dieser Gedanke wird im nächsten Abschnitt (Kapitel 5.3 und 5.4) bei der Auswertung der kinetischen Ergebnisse mit aufgenommen.

5.3 Kinetische Untersuchung

Mit dem Depositionsmodell der molecule-by-molecule Abscheidung können nun die Daten der kinetischen Untersuchung einfacher ausgewertet werden. Die Daten werden nur noch auf das angenommene Modell angewandt.

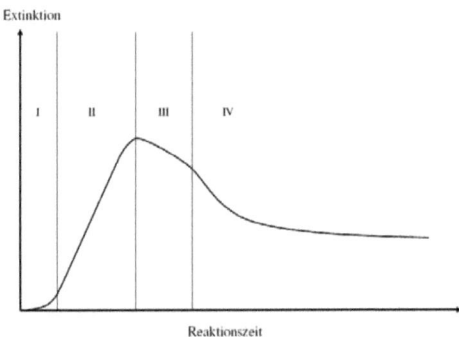

Abbildung 5-10: Extinktionskurve der CdS-Reaktion im CBD Prozess, wie sie bei einem isothermen Prozess bei Standardbedingungen über einen längeren Zeitraum bis zu 120min beobachtet wird. Die Zeit ist in vier Phasen aufgeteilt. Phase I: Reaktionshemmung, Phase II: Chemische Reaktion der CdS-Bildung, Phase III: Clusterbildung, Phase IV: Clusteragglomeration zu Nanopartikel.

Die Grundlage bildet die Variation der Konzentrationen aller drei Edukte. Die lineare Änderung der Extinktion in der Phase II, wie sie in der Abbildung 5-10 zu sehen ist, gibt nach der Interpretation der Messergebnisse in Kapitel 5.1 die indirekte Umsetzung der Edukte in das CdS-Molekül wieder. Die Kinetik der CdS-Molekülbildung kann damit direkt abgelesen werden. Die Quantifizierung der Kinetik wird nach den Ergebnissen aus Kapitel 4.4, der direkten Ermittlung der Konzentration der Moleküle bzw. Partikel, erleichtert. Mit der in diesem Kapitel ermittelten Gleichung (siehe auch Gl. 4-16 bzw. 5-4) lässt sich der Extinktionswert direkt in die Konzentration der CdS-Moleküle umrechnen.

$$c(CdS) = \frac{Extinktionswert\ bei\ 550nm}{3{,}978}\ mmol/L \qquad \text{(Gl. 5-4)}$$

Da ebenfalls nachfolgende Reaktionen des Clusterwachstums und der Deposition vorliegen, nimmt die Genauigkeit der Konzentrationsbestimmung nach der oben dargestellten Gleichung mit der Reaktionszeit ab.

Die Abhängigkeit der Reaktionsgeschwindigkeit von der eingesetzten Konzentration der Edukte konnte mit dieser Voraussetzung ermittelt werden, dass die beiden Folgereaktionen erst später beginnen und zu Beginn noch vernachlässigbar klein sind. Die Steigung der Extinktion wurde bestimmt und gegenüber der eingesetzten Konzentration aufgetragen. Auf diese Weise konnte die Abhängigkeit der eingesetzten Konzentrationen auf die Reaktionskinetik festgestellt werden. Eine lineare Abhängigkeit der Reaktionsgeschwindigkeit von der Thioharnstoff-Konzentration und Cadmium-Konzentration waren erwartet. Beide erwarteten Werte wurden in Kapitel 4.1 bestätigt. Zusätzlich konnte noch eine quadratisch reziproke Abhängigkeit der Reaktionsgeschwindigkeit der CdS-Molekülbildung von der eingesetzten Ammoniak-Konzentration bestimmt werden.

Die quadratisch reziproke Abhängigkeit der Bildungsgeschwindigkeit von der Ammoniak-Konzentration legt Parallelen zu der Annahme, dass der Mechanismus der Reaktion über ein Ammincadmium-Komplex stattfindet [Ort93]. Für die vorangegangene Arbeit [Wil07] wurden sämtliche Ammonium-, Hydroxy- und Thioharnstoff-Komplexe für eine Standardreaktion nach den in Literatur [Ort93] veröffentlichten Gleichgewichtskonstanten berechnet. Die Berechnungen schließen die Komplexsysteme von Kadmium mit Hydroxidionen, Ammoniummolekülen wie auch Thioharnstoff-Molekülen mit ein und liefern die Konzentration der freien Kadmiumionen in der Lösung. Gleichung 5-5 zeigt die möglichen Komplexbildungsreaktionen.

$$Cd(L)_n^{2+} \rightleftharpoons Cd^{2+} + nL \qquad \text{(Gl. 5-5)}$$

$$Cd(L)_n^{2-n} \rightleftharpoons Cd^{2+} + nL^- \qquad \text{für L = OH}^-$$

$L = NH_3,\ OH^-\ und\ Thioharnstoff$

Zu jeder in Gl. 5-5 definierten Reaktion wird eine Komplexbildungskonstante β nach

Gleichung 5-6 bestimmt.

$$\beta_{L,n} = \frac{[Cd(L)_n^{2+}]}{[Cd^{2+}][L]^n}$$ (Gl. 5-6)

bzw.

$$\beta_{L,n} = \frac{[Cd(L)_n^{2-n}]}{[Cd^{2+}][L]^n} \quad \text{für L = OH}^-$$

Die Komplexbildungskonstanten aller einzelnen Gleichgewichte ergeben nach Gleichung 5-7 den Gesamtkomplexkoeffizient α, mit welchem sich nach Gleichung 5-8 die Konzentration der gelösten Cadmiumionen bestimmen lässt.

$$\alpha = 1 + \sum_L \sum_n \beta_{L,n} [L]^n$$ (Gl. 5-7)

$$[Cd]_{ges} = \alpha \cdot [Cd^{2+}]$$ (Gl. 5-8)

$[Cd]_{ges}$ = Konzentration der eingesetzten Kadmiumionen

Im Konzentrationsbereich von 1-3 mol/l Ammoniak kann der Gesamtkomplexkoeffizient auch näherungsweise mit der angegebenen Ammoniak-Konzentration nach der Gleichung 5-9 bestimmt werden [Ort 93].

$$\alpha = 10^{7,13} [NH_3]^{4,33}$$ (Gl. 5-9)

Es wurde mit den Standardkonzentrationen gerechnet. Die Hydroxid-Konzentration wurde aus dem Mittelwert des pH-Wertes der Lösung bei frisch angesetzten Chemikalien ermittelt. Der pH-Wert liegt nach Zusammenmischen der Reaktionslösung bei einer Temperatur von ca. 20°C, im Mittel bei 11,75. Hieraus ergibt sich für die Hydroxidionen eine Konzentration von 5,6 mmol/l. In der Tabelle 5-1 sind alle Komplexbildungskonstanten für die Kadmiumkomplexe dieses Systems angegeben.

Tabelle 5-1: Komplexbildungskonstanten für Cadmium mit Hydroxidionen, Ammoniak und Thioharnstoff. **[Ort93]**

N	\multicolumn{6}{c}{Log($\beta_{L,n}$)}					
	1	2	3	4	5	6
OH⁻	4,3	7,7	10,3	12		
NH_3	2,6	4,65	6,04	6,92	6,6	4,9
Thioharnstoff	0,6	1,6	2,6	4,6		

Mit diesen Werten und den Anfangskonzentrationen der Edukte bei der Reaktion wird der Gesamtkomplexkoeffizient berechnet. Dieser entspricht:

nach Gleichung (5-7) $1,352 \cdot 10^7$

nach Gleichung (5-9) $1,349 \cdot 10^7$.

Die Abweichung der Näherungsgleichung (Gl. 5-9) beträgt 0,23% gegenüber dem berechneten Wert (Gl. 5-7). Die Konzentration der freien Cadmiumionen wird mit diesem Koeffizienten auf einen Wert von $9,15 \cdot 10^{-11}$ mol/l bestimmt. Durch die Berechnung der Koeffizienten nach Gleichung 5-7 können nun die Konzentrationen der einzelnen Komplexe nach Gl. 5-10 bestimmt werden.

$$[Cd(L)_n^{2+}] = \frac{\beta_{L,n}[L]^n[Cd]_{ges}}{\alpha}$$

$$[Cd(OH)_n^{2-n}] = \frac{\beta_{OH,n}[OH^-]^n[Cd]_{ges}}{\alpha}$$

(Gl. 5-10)

$L = NH_3$, OH^- und Thioharnstoff.

Nach Einsetzen der Anfangskonzentrationen der Edukte ergeben sich die Konzentrationen der einzelnen Komplexe. Die Konzentrationen der Komplexe mit 50%igem Einsatz der Ammoniak-Konzentration gegenüber der Standardreaktion sind in der Tabelle 5-2 dargestellt, mit der Standardkonzentration in Tabelle 5-3 und mit 150%igem Einsatz der Ammoniak-Konzentration in Tabelle 5-4. Zur besseren Übersicht wurden die Konzentrationen zu der eingesetzten Cadmium-Konzentration relativiert.

Tabelle 5-2: Berechnete relative Konzentration der Cadmium-Komplexe in dem Reaktionsnetzwerk nach Verwendung der Gleichgewichtskonstanten [**Ort93**]. Konzentrationsgrundlage: Thioharnstoff: 0,185mol/l, Cadmiumacetat: 0,001238mol/l, pH: 11,75 bei 20°C, Ammoniak 0,5mol/l.

n	1	2	3	4	5	6
$Cd(OH)_n^{2-n}$	0,0%	0,2%	0,4%	0,1%		
$Cd(NH_3)_n^{2+}$	0,0%	1,4%	17,1%	65,0%	15,5%	0,2%
$Cd(Thio)_n^{2+}$	0,0%	0,0%	0,0%	0,0%		

Tabelle 5-3: Berechnete relative Konzentration der Cadmium-Komplexe in dem Reaktionsnetzwerk nach Verwendung der Gleichgewichtskonstanten [**Ort93**]. Konzentrationsgrundlage: Thioharnstoff: 0,185mol/l, Cadmiumacetat: 0,001238mol/l, pH: 11,75 bei 20°C, Ammoniak 1mol/l

n	1	2	3	4	5	6
$Cd(OH)_n^{2-n}$	0,0%	0,0%	0,0%	0,0%		
$Cd(NH_3)_n^{2+}$	0,0%	0,3%	8,1%	61,5%	29,4%	0,6%
$Cd(Thio)_n^{2+}$	0,0%	0,0%	0,0%	0,0%		

Tabelle 5-4: Berechnete relative Konzentration der Cadmium-Komplexe in dem Reaktionsnetzwerk nach Verwendung der Gleichgewichtskonstanten [**Ort93**]. Konzentrationsgrundlage: Thioharnstoff: 0,185mol/l, Cadmiumacetat: 0,001238mol/l, pH: 11,75 bei 20°C, Ammoniak 1,5mol/l

n	1	2	3	4	5	6
$Cd(OH)_n^{2-n}$	0,0%	0,0%	0,0%	0,0%		
$Cd(NH_3)_n^{2+}$	0,0%	0,1%	4,8%	54,6%	39,2%	1,2%
$Cd(Thio)_n^{2+}$	0,0%	0,0%	0,0%	0,0%		

Die Cadmium-Komplexe mit Hydroxid oder Thioharnstoff als Ligand entstehen in kaum relevanten Konzentrationen. Deshalb befasst sich die weitere Auswertung hauptsächlich mit den Ammincadmium-Komplexen. Die Berechnung zeigt ebenfalls, dass die Ammin-Komplexe eine relevante Rolle bei der Kinetik der CdS-Bildung spielen. Die höchste Konzentration der Komplexe bei Standardbedingungen (100% NH_3 Konzentration) liegt nach dieser Berechnung bei vierfach koordinierten Cadmiumionen (Tabelle 5-3). Bei Zunahme der Ammoniak-Konzentration verlagert sich die Verteilung der Ammin-Komplexe zu höher koordinierten Komplexen (Tabelle 5-4), sodass das Cadmiumion aufgrund der höheren Koordination und Abschirmung stabilisiert wird und die Reaktion mit Thioharnstoff verlangsamt wird. Bei geringen Ammoniak-Konzentrationen verlagert sich die Verteilung zu niedrig koordinierten Komplexen (Tabelle 5-2). Zusätzlich steigt die Konzentration der Hydroxy-Komplexe, die eine parallele Reaktion einleiten können, welche die CdS-Bildung beschleunigt. Diese Aussage beruht auf den Ergebnissen der vorangegangenen Arbeit [Wil07], bei der eine Standardreaktion mit einem Überschuss an Hydroxiden bereits bei Raumtemperatur beschleunigt werden konnte. Erst nach Zugabe von Ammoniak konnte die Reaktion wieder verlangsamt werden. Eine Deposition konnte während der Reaktion nicht beobachtet werden. Nach dem bisherigen Modell lässt dieses Phänomen darauf schließen, dass mit einer beschleunigten CdS-Molekülbildung auch die Reaktionsgeschwindigkeit der Clusterbildung und des Clusterwachstums zunehmen konnte, während die Deposition konstant geblieben ist. Die Abhängigkeit der Reaktionsgeschwindigkeit der CdS-Molekülbildung von der eingesetzten Ammoniak-Konzentration ist demnach nicht nur erwartet gewesen, sondern zeigt auch gleichzeitig die Aufgabe der eingesetzten NH_3 Moleküle. Das Ammoniakmolekül hat bei dieser Reaktion die Aufgabe das Cadmiumion zu komplexieren und dieses auf diese Weise für die Reaktion mit Thioharnstoff aufzubewahren. Gleichzeitig kann durch NH_3-Konzentrationsvariation die Zusammensetzung der Komplexe variiert werden, sodass die Konzentration der Cadmiumionen für die CdS-Bildung beeinträchtigt wird.

Die ermittelte Abhängigkeit der Reaktionsgeschwindigkeit der CdS-Molekülbildung von den eingesetzten Edukt-Konzentrationen ist in Gleichung 5-11 dargestellt.

$$r_{CdS} = k_{CdS}(T) \cdot \frac{c((NH_2)_2CS)^1 \cdot c(Cd)^1}{c(NH_3)^2} \qquad \text{(Gl. 5-11)}$$

Parallel zu der Extinktion durchgeführte QCM Messung zeigt die effektive Abhängigkeit der Depositionsgeschwindigkeit von den Konzentrationen. Bei der vorliegenden molekularen Deposition wird die gleiche reale Abhängigkeit der Reaktionsgeschwindigkeit von der Deposition erwartet. Gemessen werden konnte jedoch nur eine effektive Abhängigkeit von der Cadmium-Konzentration und eine reziproke Abhängigkeit der Ammoniak-Konzentration. Die Abhängigkeit von der Thioharnstoff-Konzentration konnte auf diese Weise nicht ermittelt werden (siehe Kapitel 4.1). Die Gleichung 5-12 zeigt die erfasste Abhängigkeit der effektiven Depositionsgeschwindigkeit von den Edukt-Konzentrationen.

$$r_{eff,dep} = k_{eff,dep}(T) \cdot \frac{c(Cd)^1}{c(NH_3)^1} \qquad \text{(Gl. 5-12)}$$

Aufgrund der nachgeschalteten Deposition und einer parallel konkurrierenden Reaktion des Clusterwachstums, ist die Messung einer realen Abhängigkeit der Reaktionsgeschwindigkeit nicht möglich. Jede Änderung der CdS-Molekülbildung hat gleichzeitig Einfluss auf die Deposition, wie auch die Clusterbildung und den Clusterwachstum.

Durch die Zugabe von Ammoniak wird die Reaktion der CdS-Molekülbildung verlangsamt sodass auch gleichzeitig die Deposition verlangsamt wird. Da die Deposition jedoch bereits bei einem Molekül stattfinden kann, findet diese zwar langsam, aber dennoch stetig statt. Das Clusterwachstum wird hierbei doppelt beeinträchtigt, das nötige Edukt CdS-Molekül wird langsamer gebildet und zudem noch durch die Deposition abgefangen. Höhere CdS-Schichten und eine geringere Clusterkonzentration sind die Folge. Beides konnte beobachtet werden, wie in Kapitel 4.1 dargestellt ist (Abbildung 4-5). Die stärkere Beeinträchtigung der Reaktionsgeschwindigkeit des Clusterwachstums führt dazu, dass die effektive Deposition stärker von der Ammoniak-Konzentration beeinträchtigt wird, als die CdS-Molekülbildung. Die effektive lineare Abhängigkeit der Ammoniak-Konzentration ist das Resultat und wird daher detektiert.

Mit der Erhöhung der Cadmium-Konzentration wird die CdS-Molekülbildung nach Gleichung 5-11 linear zunehmen. Durch die beschleunigte Produktion von CdS wird ebenfalls die Konzentration an der Substratoberfläche wie auch das Clusterwachstum beeinträchtigt. Dennoch lässt sich immer noch eine lineare Steigung der Depositionsrate effektiv beobachten. Diese ist flacher als der Anstieg der CdS-Molekülbildung (Abbildung 4-3), da die Konkurrenzreaktion des Clusterwachstums durch das höhere Angebot an CdS ebenfalls beschleunigt wird.

Wie bei Cadmium ist auch bei Thioharnstoff die Abhängigkeit der Depositionsgeschwindigkeit geringer als die der CdS-Molekülbildung. Der Unterschied ist bei Thioharnstoff jedoch deutlich stärker als bei der Cadmium-Abhängigkeit, sodass effektiv keine Abhängigkeit der Abscheidung zu erkennen ist. Die ermittelten Steigungen der beiden Reaktionen sind der Abbildung 4-1 dargestellt.

Was in der bisherigen Diskussion nicht beachtet wurde, ist, dass mit der Zunahme der Thioharnstoff-Konzentration auch die Konzentration von Formamidindisulfid ansteigt. Dieses bewirkt, wie in Kapitel 3.4.3 und Kapitel 4.2 gezeigt, eine drastische Änderung der Kinetik. Die CdS-Molekülbildung wird dabei stark beschleunigt und mit der erhöhten Anzahl an Molekülen beschleunigt sich auch die Kinetik der Clusterbildung. Damit begründet sich auch die Unabhängigkeit der effektiven Depositionsgeschwindigkeit von der Thioharnstoff-

Konzentration. Da die CdS-Bildung wie auch die Deposition sehr stark von der Dimer-Konzentration beeinträchtigt sind, wurde diese Konzentrationsabhängigkeit ebenfalls auf die Reaktionskinetik untersucht. Abbildung 5-11 zeigt die Änderung der Depositionsrate sowie die Änderung der Reaktionskinetik der CdS-Molekülbildung über die eingesetzte Konzentration der Dimere. Hierbei wurden beide Thioharnstoff-Chargen verwendet. Die Konzentration des Dimers wurde relativ zu der in der LS-Charge angeglichen, sodass dieser Wert als 0 referenziert wurde. Weiterhin wurde die Differenz der beiden Chargen bezogen auf die Ergebnisse aus Kapitel 3.4.3 auf 6µmol/l angeglichen und vorausgesetzt.

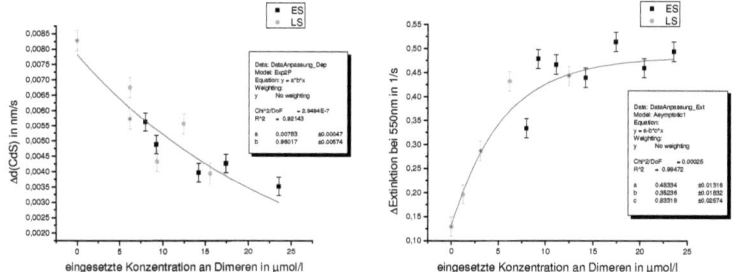

Abbildung 5-11: Depositionsrate über die eingesetzte Konzentration der Dimere (**links**) und Steigung der Extinktion über die eingesetzte Konzentration der Dimere (**rechts**). Dabei wurde der LS-Thioharnstoff mit 0µmol/l Dimeren angenommen und ES mit 6µmol/l. Die Reaktionen wurden unter Standardbedingungen mit dem 0,5L Batch Aufbau durchgeführt. [Aus: Experiment KW081 und KW082]

Auf den Abbildungen ist zu erkennen, dass die Annahme der Differenz von 6µmol/l zwischen den beiden Thioharnstoff-Chargen berechtigt ist. Weiterhin lässt sich erkennen, dass der Einsatz von Dimeren die Reaktionsgeschwindigkeit in der Lösung beschleunigt, jedoch nur in einem geringfügigen Bereich. Nach einer relativen Konzentration von ca. 12µmol/l tritt eine Sättigung bei der Extinktionssteigung ein. Die Reaktionskinetik lässt sich nicht mehr beschleunigen. Dagegen nimmt die Depositionsrate weiter ab. Dieses Verhalten ist vergleichbar mit dem Verhalten eines Katalysators. Es tritt eine Sättigung der Katalysatorkonzentration ein und die Reaktion ist nur noch von dem Stofftransport der Edukte zum Katalysator abhängig.

Parallel zu der hohen Bildungsgeschwindigkeit der CdS-Moleküle, sowie zu der abnehmenden Depositionsrate nimmt auch die resultierende CdS-Schicht am Ende des Prozesses ab. Abbildung 5-12 zeigt die CdS-Schichten gegen Ende des Prozesses in Abhängigkeit von der eingesetzten Konzentration des Dimers.

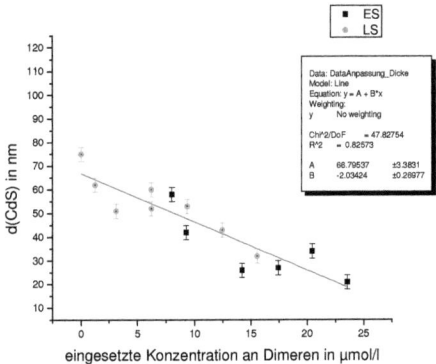

Abbildung 5-12: Resultierende CdS-Schichtdicke am Ende des Prozesses über die eingesetzte Konzentration der Dimere. Dabei wurde der LS-Thioharnstoff mit 0μmol/l Dimeren angenommen und ES mit 6μmol/l. Die Reaktionen wurden unter Standardbedingungen mit dem 0,5L Batch Aufbau durchgeführt. [Aus: Experiment KW081 und KW082]

Die Ergebnisse zeigen deutlich, dass beide Thioharnstoff-Chargen Dimere enthalten, welche die Reaktion beeinträchtigen und dass sich beide Chargen lediglich in der Konzentration des Dimers als Verunreinigung unterscheiden. Weiterhin beeinflusst die Konzentration des Dimers die Kinetik der CdS-Molekülbildung sowie die Deposition. Bei Einsatz der gleichen Charge kann die Konzentration des Dimers jedoch als konstant angerechnet werden und geht damit in die Reaktionsgeschwindigkeitskonstante ein.

Die gezeigte katalytische Wirkung des Dimers lässt sich bei der Betrachtung der Struktur des Moleküls erklären. Der Blick auf den Aufbau des Moleküls (Feld 1 in Abbildung 5-13) zeigt ein symmetrisches Molekül mit einer Schwefel-Schwefel-Bindung. Durch den symmetrischen Aufbau ist eine homolytische Spaltung der Schwefel-Schwefel-Bindung möglich und eine radikalische Reaktion kann beginnen. Untersuchungen mit Benzophenon als Radikalfänger haben jedoch keine Unterschiede im Reaktionsverhalten gezeigt, sodass die radikalische Katalyse ausgeschlossen wird. Das polare Lösungsmedium und die Vorlage des Cadmiums in

Ionenform machen es jedoch wahrscheinlicher, dass eine heterolytische Spaltung der Schwefel-Schwefel-Bindung durchgeführt wird. Das Schwefelatom ist durch die S-S-Bindung auf einem energetisch höheren Niveau, sodass eine ionisch katalysierte Reaktion vorgeschlagen wird. Ein möglicher Angriff des Cadmiums an den bereits gebundenen Schwefel könnte wie in Feld 1 der Abbildung 5-13 erfolgen. Durch die Bindung des Cadmiums an ein freies Elektronenpaar des Schwefels verteilt sich die positive Ladung und die Spaltungswahrscheinlichkeit der Schwefel-Schwefel-Bindung steigt. Mögliche Produkte sind als Feld 2 und Feld 3 in Abbildung 5-13 markiert. Das Spaltungsprodukt, an dem das Cadmiumion angelagert ist, lässt sich durch Anlagerung eines Hydroxidions oder Wassermoleküls an den Kohlenstoffatom leichter in das gewünschte Produkt CdS spalten und zerfällt nach einer cyclischen 1,5-Umlagerung weiter zum Harnstoff (Feld 4 in Abbildung 5-13).

Das zweite Spaltprodukt (Feld 2 in Abbildung 5-13) lagert sich an ein Elektronenpaar des Schwefels eines anderen Thioharnstoff-Moleküls an, sobald das Kohlenstoffatom durch ein Hydroxid oder Wasser angegriffen wird (Feld 2´ in Abbildung 5-13). Durch eine erneute cyclische 1,5-Umlagerung spaltet sich dann das Produkt zu Wasser und dem Dimer Formamidindisulfid (Feld 5 und Feld 1 in Abbildung 5-13). Somit ist der Katalysator dieser Reaktion wieder gewonnen und ein erneuter Angriff des Cadmiumions an den Schwefel des Dimers kann erfolgen.

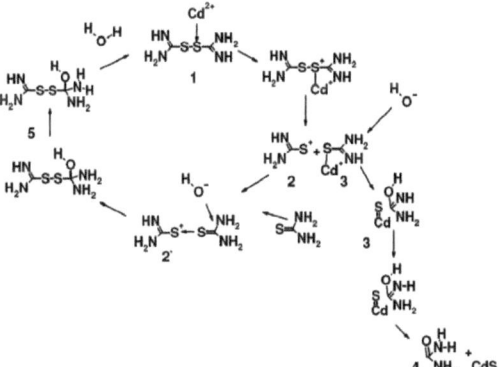

Abbildung 5-13: Vorgeschlagener Mechanismus der Reaktion der Dimere in CBD bei der CdS-Bildung. Die Reaktion verläuft zyklisch. Dabei wird zuerst das Dimer von Cd-Ionen angegriffen (**1**). Durch die Spaltung der reaktiven S-S Bindung entsteht das erwünschte Produkt CdS und das Nebenprodukt Harnstoff (**3**→**4**). Durch die Vorlage von Thioharnstoff kann sich so erneut das Dimer bilden (**2´**→**5**→**1**) und steht für einen erneuten Reaktionszyklus bereit.

Mit diesem katalytischen Kreislauf sollte die Reaktionslösung nach einer Reaktion filtriert werden können und durch Zugabe von der Unterschusskomponenten und des verdampften Ammoniaks erneut gleich schnell ablaufen können. Beobachtet wurde jedoch, dass die Abscheidungen bei gleichen Konzentrationen und Reaktionsbedingungen mit zunehmendem Alter der Recyclinglösung abnahmen. *„Dabei blieb die Schichtdicke in den ersten drei Tagen nahezu konstant. Nach ca. sieben Tagen entstand eine stärkere Verringerung der CdS-Schicht, diese nahm dann monoton bis zum 16. Tag ab."* [Wil07] Das Reaktionsverhalten in der Lösung zeigte gleichfalls eine tendenzielle Abnahme der Geschwindigkeit mit dem Alter der Prozesslösung. Abhilfe konnte erst geschaffen werden, nachdem das Formamidindisulfid im Rahmen dieser Arbeit detektiert wurde. Durch die Zugabe des Dimers wurden sowohl die Deposition als auch die Reaktionskinetik in der Lösung an das Verhalten einer Standardreaktion angepasst. Dieses Phänomen lässt vermuten, dass das Dimer mit der Zeit in der ammoniakalischen Lösung irreversibel verbraucht wird.

Eine vorstellbare Abbruchreaktion wäre in diesem Zusammenhang eine elektrophile Addition eines Protons an ein Schwefelatom und gleichzeitig eine nucleophile Addition eines Hydroxidions an das zweite gebundene Schwefelatom (Feld 1 in Abbildung 5-14). Die nun implizierte Spaltung der Schwefel-Schwefel-Einfachbrücke erzeugt ein Tautomer des Thioharnstoffes (Feld 6 in Abbildung 5-14), welches nach einer 1,5-H-Umlagerung zum Thioharnstoff umgelagert wird.

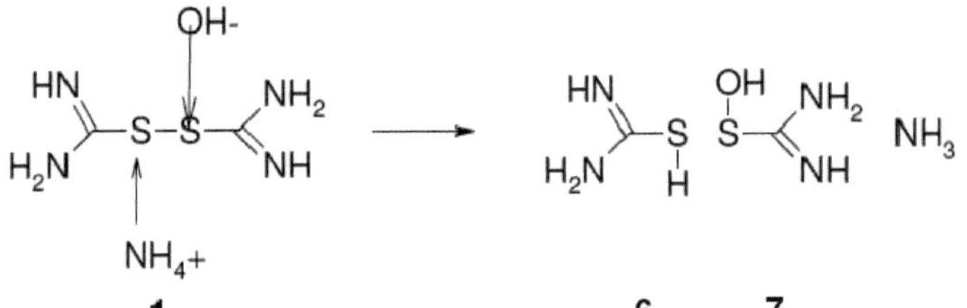

Abbildung 5-14: Vorgeschlagene Abbruchreaktion des Dimer-Moleküls in basischer Lösung.

Ein indirekter Beweis konnte mit der Ionentauscherchromatographie durchgeführt werden. Hierfür wurde eine HPLC der Fa. Knauer mit Smart UV 2500 benutzt. Der Eluent bestand aus

1,5mmol/l Ethylendiamin und 3,0mmol/l Salpetersäure. Die Trennsäule war eine PRP-X200 der Fa. Hamilton. Mit dieser Analytik wurden sechs Proben gemessen.

- Formamidindisulfid in wässriger Lösung
- Formamidindisulfid in wässriger Lösung 2h lang bei 60°C geheizt
- Formamidindisulfid in ammoniakalischer Lösung (1M) 2h lang bei 60°C geheizt
- Formamidindisulfid in basischer Lösung (1M NaOH) 2h lang bei 60°C geheizt
- 1M ammoniakalische Lösung als Referenz
- 1M NaOH Lösung als Referenz

Die Detektion erfolgte mit einem UV-Spektrometer bei 254nm Wellenlänge. Abbildung 5-15 zeigt die Absorptionspeaks für alle sechs Proben.

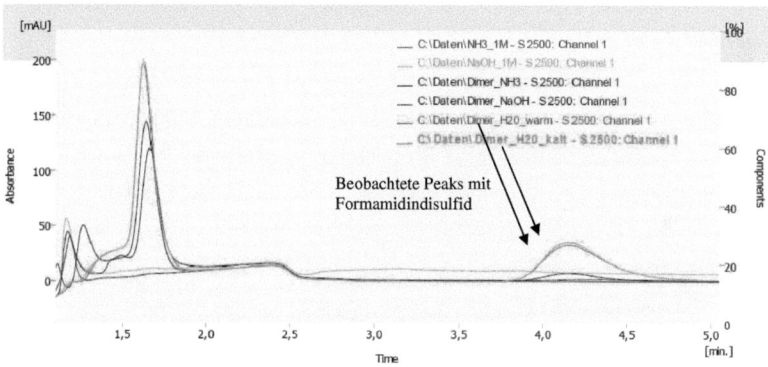

Abbildung 5-15: Absorptionsmessung bei einer Wellenlänge von 254nm nach einer Trennung mittels der HPLC. Eluent: Ethylendiamin (1,5mM) und HNO_3 (3mM). Als Referenz wurde das Dimer in wässriger Lösung bei Raumtemperatur und 2h bei 60°C erwärmt hergestellt. Weitere Referenzen sind 1M NH_3 und 1M NaOH. Die Proben bestanden aus Dimer + 1M NaOH sowie Dimer + 1M NH_3. Beide Proben wurden bei 60°C 2h lang erwärmt.

Betrachtet man nun den Verlauf der Extinktion bei reiner wässriger Formamidin-Lösung, so sind ein relativ hoher Peak bei der Retentionszeit von 1,6min, sowie ein etwas flacher und breiter Peak bei 4,1min erkennbar. Die erwärmte wässrige Formamidindisulfid-Lösung zeigt gegenüber der kalten wässrigen Formamidindisulfid-Lösung keine Unterschiede. Sowohl die Extinktion bei 1,6min, als auch die bei 4,1min sind identisch. Die reine ammoniakalische Lösung, sowie die reine Natriumhydroxid-Lösung, zeigen an diesen Stellen keine Extinktion.

Die Folgerung ist, dass an diesen Stellen weder Wasser noch eine der beiden Basen absorbiert. Nun kann die erwärmte ammoniakalische Lösung betrachtet werden. An dem charakteristischen Peak bei 1,6min sind eine geringfügige Verschiebung sowie eine Abnahme der Intensität zu erkennen. Desweiteren nimmt die Intensität des Peaks bei 4,1min extrem ab. Auf diese Weise wurde gezeigt, dass die Konzentration des Dimers in ammoniakalischer Lösung, wie sie beim Recyclingversuch durchgeführt wurde, abnimmt und damit die weiteren Reaktionen beeinträchtigt. Die Abnahme der Intensität von beiden Peaks bei der Formamidindisulfid-Lösung mit NaOH ist noch größer, als bei der ammoniakalischen Lösung. Bei dem 4,1min Peak ist in diesem Fall nichts mehr zu sehen. Ein Abbau der Formamidindisulfid Moleküle in einer ammoniakalischen bzw. basischen Lösung wurde damit bestätigt. Der Abbau ist umso stärker, je basischer die Lösung ist. Die Ergebnisse unterstützen ebenfalls die Annahme eines nucleophilen Angriffs, wie er in Abbildung 5-14 dargestellt wurde.

Um die Reaktionsgeschwindigkeitsgleichung im Ganzen beschreiben zu können, wurde in Kapitel 4.3 noch die Aktivierungsenergie und der Stoßfaktor der Reaktion der CdS-Molekülbildung sowie der Deposition untersucht. Neben der starken Schwankung bei der Ermittlung der Aktivierungsenergie und des Stoßfaktors wurde noch beobachtet, dass mit geringerer Temperatur höhere Schichten, also höhere Ausbeute, möglich sind.

In Kapitel 4.3 konnte aus den Ergebnissen die Beobachtung gemacht werden, dass die Depositionsrate mit der Temperatur zunimmt. Die resultierende CdS-Schichtdicke nimmt in der gleichen Zeit jedoch ab. Diese Beobachtung zieht drei Annahmen nach sich.
- Die Abscheidung ist nahezu unabhängig von der Temperatur. Die erhöhte Deposition bei höherer Temperatur resultiert vorwiegend aus der höheren Bildungsgeschwindigkeit der CdS-Moleküle.
- Die Temperaturabhängigkeit der Bildung von CdS-Molekülen ist stärker als die Abhängigkeit der Deposition.
- Die Temperaturabhängigkeit des konkurrierenden Clusterwachstums ist stärker als der Deposition.

Bei dem angenommenen Modell der molecule-by-molecule Deposition ist die starke Differenz der Temperaturabhängigkeiten zwischen der Deposition und der chemischen

Reaktion der CdS Bildung noch am plausibelsten. Dieses zeigt sich auch daran, dass sich die Depositionsrate bei hohen Temperaturen kaum noch ändert und immer spontaner abbricht. Die Steigung der Depositionsrate mit der Temperatur ist dagegen aufgrund der höheren CdS-Molekülkonzentration durch beschleunigte Reaktion gegeben. Durch die unterschiedliche temperaturabhängige Reaktionskinetik lassen sich die Ausbeute und damit auch die Selektivität mit der Temperatur steuern. Die nach Gleichung 5-2 berechnete Ausbeute der abgeschiedenen CdS-Moleküle ändert sich mit der Temperatur der Reaktion von 12,4% bei 57°C bis zu 24,7% bei 25°C. Die Verdopplung der Ausbeute durch Reduzierung der Reaktionstemperatur und damit nahezu Ausschaltung des Clusterwachstums führt zu der Tatsache, dass ein weiterer Parameter relevant ist. Der Stofftransport der CdS-Moleküle zu der Oberfläche. Dieser Parameter zeigt sich bei der Linearisierung der Reaktionsgeschwindigkeitskonstante nach Arrhenius und erklärt damit auch das nicht lineare Verhalten der Reaktionsgeschwindigkeit mit der Temperatur. Abbildung 5-16 zeigt die gemessenen und logarithmierten Reaktionsgeschwindigkeitskonstanten der Deposition über die inverse Temperatur und verdeutlicht damit den Einfluss des Stofftransportes.

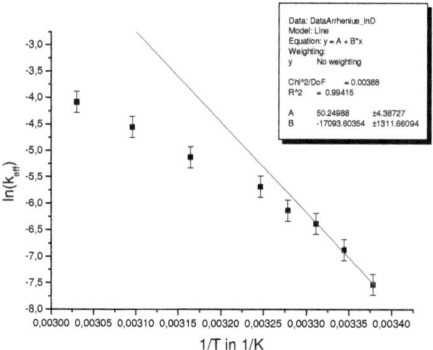

Abbildung 5-16: Linearisierung nach Arrhenius. Aufgetragen ist die logarithmierte effektive Reaktionsgeschwindigkeitskonstante der Deposition über die inverse Temperatur. Die lineare Regression soll deutlich machen, dass eine Hemmung durch Stofftransport bei höheren Temperaturen für die geringere Reaktionsgeschwindigkeitskonstante verantwortlich ist. [Aus: Experiment KW076]

Die Abbildung zeigt einen gekrümmten Verlauf der Reaktionsgeschwindigkeit gegenüber der Temperatur. Die Abweichung von dem linearen Verlauf, der über die Messpunkte bei geringen Temperaturen durchgeht, gibt eine mehr oder weniger stark ausgeprägte Auswirkung der Stofftransporthemmung an. Bei geringen Temperaturen sind die Konkurrenzreaktionen langsam, sodass der Stofftransport keine Auswirkung auf die Geschwindigkeit der Deposition hat. Mit zunehmender Temperatur werden die Reaktionsgeschwindigkeiten der Konkurrenzreaktionen stärker erhöht als die Deposition. Die Zunahme der Depositionsrate nimmt nur zu, weil sich die Konzentration der gebildeten CdS-Moleküle deutlich erhöht. Die Hemmung durch den Stofftransport nimmt so weit zu, dass bei sehr hohen Temperaturen die Auftragung nach Arrhenius ein Plateau erreicht und eine effektive Aktivierungsenergie von 0 kJ/mol ermittelt wird [Hug03].

Der Stofftransport ist abhängig von dem Stoffübergangskoeffizienten β, der die Differenz zwischen der effektiven und der realen Reaktionsgeschwindigkeitskonstante darstellt. Die Beziehungen der beiden temperaturabhängigen Konstanten sind in der Gleichung 5-13 dargestellt.

$$\frac{1}{k_{eff}} = \frac{1}{\beta} + \frac{1}{k} \qquad \text{(Gl. 5-13)}$$

Da der Stofftransport gegenüber der Molekülbildung weniger von der Temperatur abhängig ist, ist dieser bei geringerer Temperatur schneller als die eigentliche CdS-Bildung, sodass der größte Teil der Edukte sofort an die Oberfläche transportiert werden kann (höhere Selektivität der Deposition). Niedrige Extinktion und geringe aber stätige Deposition ist das Ergebnis. Bei höheren Temperaturen nimmt die Geschwindigkeit der CdS-Bildung zu, sodass bei gleicher Transportgeschwindigkeit mehr Edukte in der Lösung vorliegen und das Clusterwachstum stattfinden kann. Die Extinktion steigt schnell an, die Deposition ist auf ihrem Maximum beschränkt, sodass mehr Cluster gebildet werden und geringere Schichten entstehen. Die effektive Reaktionsgeschwindigkeit erscheint geringer und die ermittelte Aktivierungsenergie beinhaltet den Faktor der Stofftransporthemmung.

Die Beeinflussung der Folgereaktionen sollte möglichst gering gehalten werden. Für die Reduzierung des depositionsabhängigen und clusterbildungabhängigen Teils aus der Gl. 5-12 sollten nur Reaktionen bei geringen Temperaturen betrachtet werden. Unter diesen Umständen wird die Aktivierungsenergie im Intervall von 23°C bis 29°C Reaktionstemperatur auf 171±9kJ/mol bestimmt. Die Literaturrecherche zeigt, dass bei dieser Reaktion Aktivierungsenergien bei 85kJ/mol [Kes92] ermittelt wurden. Der Variationsbereich liegt hier jedoch bei Temperaturen über 60°C, sodass der Einfluss des Stofftransportes die Ermittlung beeinträchtigt. Bei Einhaltung entsprechender Temperaturen konnten in Kapitel 4.3 auch vergleichbare Ergebnisse gezeigt werden. Bei der Mittelung über die Reaktionstemperatur von 42-57°C konnte im Vergleich zu der Literatur ebenfalls ein Wert von ca. 100kJ/mol[37] (vgl. Tabelle 4-1 in Kapitel 4.3) ermittelt werden. Weiterhin konnte mit der Untersuchung die effektive Aktivierungsenergie der Deposition im Temperaturbereich von 23°C bis 29°C auf 180±40kJ/mol eingegrenzt werden. Sie ist deutlich höher als die Aktivierungsenergie im Temperaturbereich von 23-57°C von 80kJ/mol, welche vergleichbar mit dem Literaturwert von 85kJ/mol ist [Fur98]. Anhand des molecule-by-molecule Modells ist die Berechnung der Aktivierungsenergie der Deposition nicht mehr notwendig, da die Aktivierungsenergie durch die gleichen Reaktionsbedingungen exakt die gleiche ist, wie die der CdS-Molekülbildung.

Entsprechend kann nun mit einer eindeutigen Aktivierungsenergie der Stoßfaktor genauer festgelegt werden. Dieser liegt bei der oben angegebenen Aktivierungsenergie nach der Tabelle 4-2 in Kapitel 4.3 bei dem Wert von $4{,}1 \cdot 10^{26} \pm 3{,}3 \cdot 10^{26}$ mol/(l·s) für die CdS-Molekülbildung und bei dem Wert von $1{,}2 \cdot 10^{31} \pm 1{,}7 \cdot 10^{31}$ mol/l/s für die Deposition.

Im Endeffekt kann nun die bisher aufgestellte Reaktionsgeschwindigkeitsgleichung für die CdS-Molekülbildung (Gl. 5-11) und die Depositionsgeschwindigkeit (Gl. 5-12) mit der ermittelten Aktivierungsenergie, dem Stoßfaktor und der Abhängigkeit des Katalysators Formamidindisulfid ergänzt werden. Gleichung 5-14 stellt die Geschwindigkeit der CdS-Molekülbildung und Gleichung 5-15 die effektive Depositionsgeschwindigkeit dar.

$$r_{CdS} = k_{CdS,\infty} e^{-\frac{E_A}{RT}} \cdot \frac{c((NH_2)(NH)CSSC(NH_2)(NH))^1 \cdot c((NH_2)_2CS)^1 \cdot c(Cd)^1}{c(NH_3)^2} \quad \text{(Gl. 5-14)}$$

$$r_{eff,dep} = k_{eff,dep}(T) \cdot \frac{c(Cd)^1}{c((NH_2)(NH)CSSC(NH_2)(NH))^1 \cdot c(NH_3)^1} \quad \text{(Gl. 5-15)}$$

Bei dem Depositionsmodell der molekularen Abscheidung von CdS ist die reale Depositionsrate noch zusätzlich von der bereitgestellten Fläche sowie von dem Volumen abhängig. Weiterhin muss noch die Konkurrenzreaktion des Clusterwachstums einbezogen

---

[37] Bei Reaktionen mit dem Einsatz der Quarzmikrowaage.

werden. Die reale Depositionsgeschwindigkeit ist in der Gleichung 5-16 bzw. 5-17 dargestellt.

$$r_{dep} = \frac{A_{ges}}{V} r_{CdS} - r_{Cluster} \qquad \text{(Gl. 5-16)}$$

$$r_{dep} = \frac{A_{ges}}{V} \cdot \frac{c((NH_2)(NH)CSSC(NH_2)(NH))^2 \cdot c((NH_2)_2CS)^1}{c(NH_3)^1} \cdot \frac{k_{dep}}{k_{eff,dep}} \cdot r_{eff,dep} - k_{cluster} c(CdS)^n$$

$$\text{(Gl. 5-17)}$$

Mit:

$k_{cluster}$ – temperaturabhängige Reaktionsgeschwindigkeitskonstante der Clusterbildung

Da die Reaktionsgeschwindigkeit der Clusterbildung nicht exakt bekannt ist, und nicht im Rahmen dieser Arbeit ermittelt wurde, bleibt dieser temperatur- und konzentrationsabhängige Term unbekannt.

Der letzte Punkt der kinetischen Betrachtung liegt in der beobachteten Hemmung der CdS-Bildung zu Beginn der Reaktion. Eine sehr deutliche Verschiebung dieser Hemmung konnte in den Verläufen der Extinktion bei Variation der Edukt-Konzentrationen beobachtet werden (Abbildung 4-7). Dabei scheint das Cadmium einen relativ starken Einfluss auszuüben. Mit Zunahme der Cadmium-Konzentration beginnt die CdS-Bildung immer schneller. Bei der Variation der Thioharnstoff-Konzentration konnte dabei kaum ein Unterschied in der Anfangshemmung beobachtet werden. Den stärksten Einfluss auf die Reaktionshemmung übt die Konzentration von Ammoniak aus. Abbildung 5-17 zeigt den Verlauf der Extinktion in den ersten Minuten der Reaktion bei unterschiedlich eingesetzten Konzentrationen der Edukte.

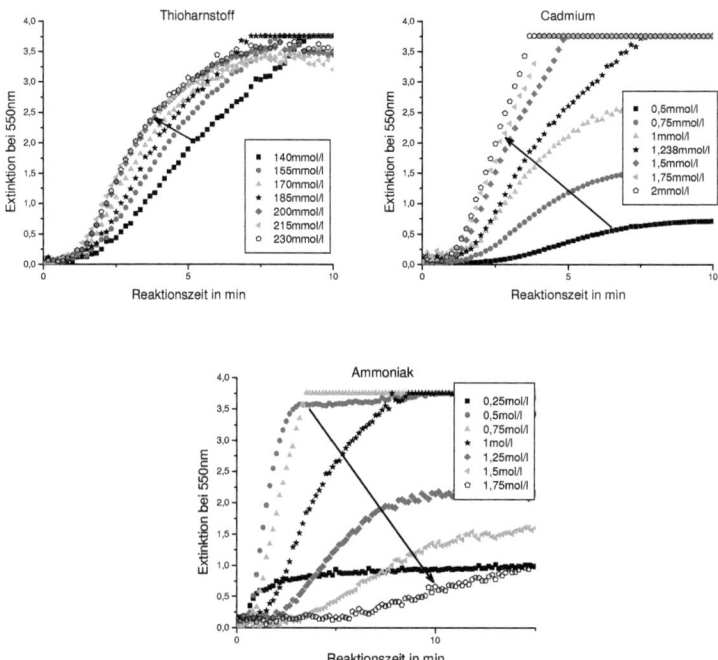

Abbildung 5-17: Zeitlich aufgelöste Extinktionskurven der Variation der Thioharnstoff-Konzentration (**oben links**) sowie der Cadmium-Konzentration (**oben rechts**) und Ammoniak-Konzentration (**unten**). Reaktionen wurden abgesehen von der Konzentrationsvariation unter Standardbedingungen mit dem 0,5L Batch Aufbau durchgeführt. [Aus: Experiment KW067]

Anhand dieser Daten und dem vorgeschlagenen Mechanismus der Reaktion über das Dimer Formamidindisulfid wird die Annahme gemacht, dass die Hemmung durch den reaktionsgeschwindigkeitsbestimmenden Schritt der Anlagerung des Cadmiumions an das Dimer Formamidindisulfid bedingt ist. Abbildung 5-18 visualisiert die Anlagerung des Cadmiumions an das Dimer Formamidindisulfid bei Beginn der Reaktion.

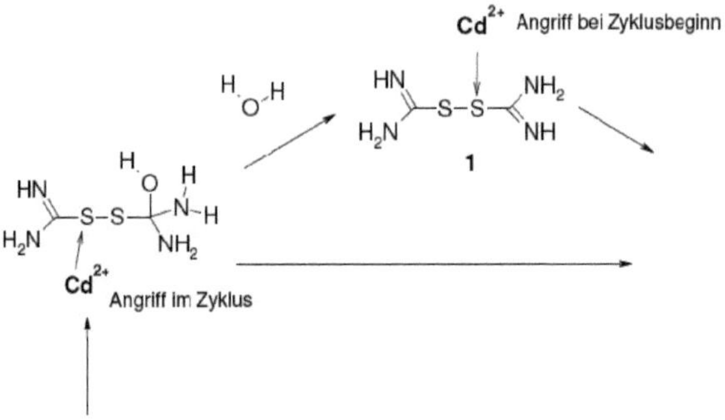

Abbildung 5-18: Anlagerung der Cadmiumionen an das Dimer Formamidindisulfid. Mögliche Erklärung für die Anfangshemmung der Reaktion durch eine schnellere Anlagerung des Cadmiumions an das Formamidindisulfid vor der Abspaltung von Wasser.

Sobald ein Zyklus abgeschlossen ist und das abzuspaltende Wasser noch als Hydroxidgruppe am Kohlenstoff-Atom und das fehlende Wasserstoff-Atom an der benachbarten Aminogruppe angelagert sind, befindet sich das gesamte Molekül im energetisch angeregten Zustand. Der gleichzeitige Angriff des Cadmiumions an das energetisch angeregte Schwefelatom und die Abspaltung des Wassermoleküls nach einer cyclischen 1,5-Umlagerung erleichtert die Cd-S Bindung. Der erneute Zyklus würde schnell beginnen.

Da Thioharnstoff gegenüber der Konzentration des Dimers im Überschuss ist, wird die Änderung der Thioharnstoff-Konzentration kaum einen Einfluss auf den Zyklus und die Anlagerung haben. Das beobachtete Verhalten der Unabhängigkeit der Hemmung von der Thioharnstoff-Konzentration kann so erklärt werden. Die Erhöhung der Cadmium-Konzentration erhöht die Wahrscheinlichkeit, dass ein Kation sich an das Dimer anlagern kann, eine direkte Abhängigkeit, wie sie auch beobachtet wird, ist damit gegeben. Den stärksten Einfluss auf die Reaktionshemmung übt der Ammoniak aus. Mit höherer Konzentration beginnt die Reaktion immer langsamer und später. Es konnte ebenfalls gezeigt werden, dass die Konzentration des Dimers in einem basischen Milieu abnimmt und das Dimer dabei zerstört wird. Daher ist die Vermutung, dass mit höherer Ammoniak-Konzentration nicht nur das Cadmium stärker komplexiert und abgeschirmt wird, sondern auch das Dimer verstärkter abgebaut wird.

5.4 Selektivitätsbetrachtung der Reaktion

Unter Selektivität wird der Quotient aus dem gebildetem gewünschtem Produkt und der verbrauchten Menge der Edukte verstanden. Die Ausbeute bezieht dagegen die Menge des gebildeten gewünschten Produktes auf die eingesetzte Menge der Edukte ein. Da bei diesen Reaktionen Cadmium als Unterschusskomponente eingesetzt wird und das Löslichkeitsprodukt von CdS bei 10^{-28} mol²/l² liegt, kann von einer vollständigen Reaktion ausgegangen werden. Sowohl die Selektivität, als auch die Ausbeute, sind in diesem Fall identisch. In beiden Fällen ist eine Aussage möglich, wie gut die Reaktion funktioniert. Bei dieser Reaktion ist das gewünschte Produkt das am Substrat abgeschiedene CdS.

Ausgehend von der molekularen Deposition, ist der Ansatzpunkt einer selektiven Steuerung der Reaktion eine höchstmögliche Ausbeute der Deposition gegenüber dem Clusterwachstum zu erzielen. Durch die unterschiedlichen Reaktionsgeschwindigkeiten der beiden Teilreaktionen sind folgende Möglichkeiten vorhanden:

- Steuerung der Reaktionsgeschwindigkeit des Clusterwachstums
- Steuerung der Depositionsgeschwindigkeit
- Steuerung der Konzentration der Edukte und Zufuhr der CdS-Moleküle für die beiden Reaktionen

Da beide Folgereaktionen nicht unabhängig voneinander sind, ist eine alleinige Beeinflussung der Reaktionsgeschwindigkeit des Clusterwachstums oder der Geschwindigkeit der Deposition nicht möglich. Da beide Reaktionen bei unterschiedlichen Temperaturen unterschiedliche Kinetik aufweisen, ist damit der dritte oben angegebene Punkt für eine Selektion der Deposition möglich. Betrachtet werden nun die Molekülbildung von CdS (I), die Deposition (II) sowie die Clusterbildung (III) und das Clusterwachstum (IV) mit ihren Reaktionsgeschwindigkeitsgleichungen. Alle Reaktionen sind in den Gleichungen 5-18 bis 5-26 dargestellt.

I $\quad Cd^{2+} + (NH_2)_2CS + H_2O + 2NH_3 \rightarrow CdS + (NH_2)_2CO + 2NH_4^+$ (Gl. 5-18)

$$r_{CdS} = k_{CdS} \frac{c((NH_2)_2CS) \cdot c(Cd^{2+})}{c(NH_3)^2}$$ (Gl. 5-19)

II $CdS + A \rightarrow CdS_{dep} + A$ (Gl. 5-20)

   $r_{dep} = k_{dep} c(CdS)$ (Gl. 5-21)

III $CdS + CdS \rightarrow (CdS)_2$ (Gl. 5-22)

   $r_{cluster} = k_{cluster} c(CdS)^n$ mit $n \geq 2$ (Gl. 5-23)

IV $CdS + (CdS)_n \rightarrow (CdS)_{n+1}$ (Gl. 5-24)

   $r_{cluster} = k_{cluster} c(CdS) c(CdS_n)$ mit $n \geq 2$ (Gl. 5-26)

Die Ausbeuteberechnung der Deposition erfolgt nach der Gleichung 5-2 aus dem Kapitel 5.1.

$$S_{dep} = \frac{n_{dep}}{n_{Cd}} = \frac{m/M}{c(Cd)/V_{PL}} = \frac{V_{dep} \cdot \rho/M}{c(Cd)/V_{PL}} = \frac{d \cdot A_{dep} \cdot \rho/M}{c(Cd)/V_{PL}} = 14{,}4\% \quad \text{(Gl. 5-2)}$$

Mit den Konzentrationen der Edukte konnte bereits die Reaktionsgeschwindigkeit merklich verändert werden. Wie in Kapitel 4.1 bereits gezeigt, ist die Reaktionsgeschwindigkeit der CdS-Molekülbildung proportional zu der Cadmium- und Thioharnstoff-Konzentration und invers quadratisch zu der Ammoniak-Konzentration. Alle drei Edukte zeigen einen Einfluss auf die Selektivität. Dabei zeigt die Zunahme von Thioharnstoff einen negativen Einfluss auf die abgeschiedene Schicht (Abbildung 4-2 in Kapitel 4.1). Während bei einer Konzentration von 140mmol/l Thioharnstoff eine 60nm dicke Schicht entstand, wurden bei 230mmol/l eingesetztem Thioharnstoff lediglich 25nm abgeschieden. Betrachtet man nun die Ausbeute nach der eingesetzten Unterschusskomponente Cadmium, so ergeben sich nach der Gl. 5-2 10,3% bei dem Einsatz von 230mmol/l Thioharnstoff und 24,6% bei dem Einsatz von 140mmol/l Thioharnstoff.

Die Variation der Cadmium-Konzentration ist dagegen weniger effektiv. Die Schichtdicke nimmt zwar mit der Zunahme der Cadmium-Konzentration zu, jedoch erhöht sich auch gleichzeitig die eingesetzte Menge des Eduktes. Bei 0,5mmol/l Cadmiumacetat ergeben sich damit eine Schicht von 11nm und damit eine Ausbeute von 11,2%. Mit der Zugabe der Cadmium-Menge auf 2,0mmol/l kann die Schicht auf 55nm erhöht werden, was aber nur eine Ausbeute von 14,0% ergibt.

Die Abhängigkeit der CdS-Schicht von der Ammoniak-Konzentration ist dagegen etwas komplizierter. Diese nimmt zunächst mit der Zunahme der Edukt-Konzentration ab. Nach Erreichen eines Minimums von 25nm Schichtdicke und damit einer Ausbeute von 10,3%, steigt die CdS-Schicht mit weiterer Zunahme von eingesetztem Ammoniak. Bei eingesetzten

1,75mol/l konnte die Schicht auf 56nm wachsen. Die Deposition war jedoch noch nicht abgeschlossen, sodass mit dieser Angabe eine Ausbeute von 23% vorliegt, die jedoch ein höheres Potenzial hat. Dieses nicht lineare Verhalten der Schichtdicke zur eingesetzten Ammoniak-Konzentration impliziert die Vermutung, dass das Ammoniak noch weitere Reaktionen beeinträchtigen könnte. Eine mögliche Erklärung für dieses Verhalten ist, das begünstigte Clusterwachstum in einer ammoniakalischen oder basischen Lösung.

Bei geringer Menge von Ammoniak wird das Cadmium nicht so ausgeprägt komplexiert. Eine schnelle Molekülbildung ist die Folge. Da unter diesen Bedingungen auch das Clusterwachstum gehemmt wird, ist die große Konzentration an CdS-Molekülen für eine höhere Deposition verantwortlich. Dieses zeigen auch die Extinktionskurven dieser Reihe. Die Extinktionen zeigen extrem hohe Maxima bei geringer eingesetzter Menge an Ammoniak. Mit Zunahme der Ammoniak-Konzentration wird die Bildungsgeschwindigkeit der CdS-Moleküle reduziert und gleichzeitig das Clusterwachstum begünstigt. Die beobachtete Abnahme der Deposition ist die Folge. Nimmt die Ammoniak-Konzentration weiter zu, so wird das Clusterwachstum zwar beschleunigt, jedoch die vorangegangene CdS-Molekülbildung dermaßen verlangsamt, dass der größte Teil der CdS-Moleküle abgeschieden wird.

Die beobachteten Ergebnisse bestärken die Annahme, dass das Clusterwachstum in ammoniakalischer Lösung begünstigt wird. Weiterhin kann hier gefolgert werden, dass die Steuerung der Selektivität unter Betrachtung aller drei Reaktionen (CdS-Molekülbildung, Clusterbildung/Clusterwachstum und Deposition) möglich ist.

Eine weitere Möglichkeit der selektiven Depositionssteuerung über die CdS-Molekülbildung konnte bei der Temperaturvariation beobachtet werden. Während die Schicht bei geringen Temperaturen nur langsam wächst, nimmt diese dem Clusterwachstum die nötigen Edukte, sodass die Deposition auch länger andauert und im Endeffekt effektiver ist. Hierbei werden die Temperaturabhängigkeit des Clusterwachstums und die Temperaturunabhängigkeit der Deposition ausgenutzt. Bei kälteren Temperaturen werden die CdS-Moleküle langsamer erzeugt, sodass die Deposition aufgrund der Konzentration ebenfalls langsamer stattfindet. Durch die geringe Konzentration können sich die Clusterbildung und das anschließende Wachstum nicht entfalten und werden weiterhin durch die Temperaturabhängigkeit weiter gebremst. Wie bereits in Kapitel 5.3 berechnet, variiert die Ausbeute von 12,4% bei 57°C Reaktionstemperatur und steigt bis zu 24,5% bei 25°C als Reaktionstemperatur.

Für die selektive Steuerung der Reaktionen wurde in Kapitel 4.8 das Volumen/Fläche-Verhältnis variiert. Dabei wurde bei nahezu gleichbleibender Oberfläche das Volumen verändert. Während das Volumen/Fläche-Verhältnis erhöht wurde, ist die Reaktionsgeschwindigkeit der Molekülbildung konstant geblieben. Bei höheren Verhältnissen wurde die Reaktionsgeschwindigkeit langsamer. Zeitgleich konnten dickere Schichten auf dem Schwingquarz beobachtet werden, genauso wie eine höhere Depositionsrate.

Die höhere Depositionsrate und höhere Schichtdicken lassen sich durch die höhere Konzentration der CdS-Moleküle in der Lösung erklären. Für die Erklärung der langsameren Konkurrenzreaktion des Clusterwachstums, muss der Aufbau des Experimentes genauer in Betracht gezogen werden. Die Quarzglasfläche sowie der Rührer sind relativ tief in dem Reaktor, sodass in diesem Bereich die größte Strömung und Durchmischung vorliegt. Mit Zunahme des Volumens verweilt immer mehr Lösung in den Bereich, in dem die Rührung kaum eine Rolle spielt, entsprechend ist dort die Durchmischung geringer bzw. bis auf die Diffusion reduziert. Diese Reduzierung der Konvektion reicht aber aus, um die Reaktionsgeschwindigkeit des Clusterwachstums zum Vorteil der Molekülbildung und Deposition zu reduzieren. Eine Erhöhung der Selektivität wurde mit diesem Versuch jedoch nicht erreicht, da bei 720ml Volumen mehr als doppelt so viel Edukte zum Einsatz kam als bei 280ml Volumen. Die Schicht ist dafür von 35nm auf 50nm um nur ca. 42% gestiegen. Das Ergebnis zeigt aber, dass bei dieser Konkurrenzreaktion die Wahl des Reaktors die Selektivität deutlich beeinträchtigen kann. Die Ausbeute ist hierbei bei geringem Volumen/Oberfläche-Verhältnis am besten und beträgt 20% mit 37nm bei 270ml. Diese nimmt weiter ab, je größer das Volumen wird und je geringer die Fläche. Bei der Variation mit 720ml entstand eine Schicht von 51nm, die berechnete Ausbeute beträgt jedoch lediglich 10,8%.

Zur Untersuchung der Anfangshemmung wurden neben der Zugabe der Dimeren (Kapitel 4.2) noch zusätzlich untersucht, ob eine Art Autokatalyse bei der CdS-Molekülbildung vorliegt, sodass erst mit der Entstehung der ersten Moleküle die weiteren begünstigt werden würden. Hierfür wurden einer Standardreaktion CdS-Partikel aus vorangegangenen Reaktionen unterschiedlicher CdS Konzentration zugegeben (Kapitel 4.9) mit dem Ergebnis, dass die Schichtdicke mit Zunahme der Partikel erst zugenommen hatte und anschließend abgenommen hatte. Da sich die Extinktionskurven nur minimal voneinander unterschieden haben und die Reaktionsgeschwindigkeiten der CdS-Molekülbildung und der Deposition nahezu konstant waren, wird rückgeschlossen, dass es sich hierbei um reine Transportphänomene bzw. um das Volumen/Fläche-Verhältnis handelt. Die Abnahme der Schichtdicke ist vergleichbar mit den Ergebnissen bei der Beobachtung des zunehmenden Volumen/Fläche-Verhältnisses. Durch Zugabe von CdS-Partikeln wurde die Oberfläche, an der sich CdS abscheiden kann, erhöht, sodass die Konkurrenzreaktion des Clusterwachstums nur langsam durchgeführt wird. Die frisch gebildeten CdS-Moleküle werden an allen Oberflächen mit konstanter Geschwindigkeit abgeschieden, eine Zunahme der Partikel lässt damit die Deposition in der gewohnten Geschwindigkeit, reduziert aber durch die erhöhte Fläche das Clusterwachstum.

Diese Vorgänge lassen sich in der Extinktion nicht beobachten, da die Zugabe der CdS-Partikel in sehr geringer Konzentration vorlag und das Wachstum dieser Partikel durch die Deposition von CdS an deren Oberfläche nicht die Konzentration dieser Partikel verändert hatte.

Nimmt die zugeführte Oberfläche Oberhand, so findet kaum noch Clusterwachstum statt, dafür ist aber die erwünschte Schichtdicke geringer, da die Fläche größer ist. Die Selektivität nimmt zu Gunsten der Deposition zu, verteilt sich aber auf eine größere Fläche, sodass die einzelnen Schichten dünner werden.

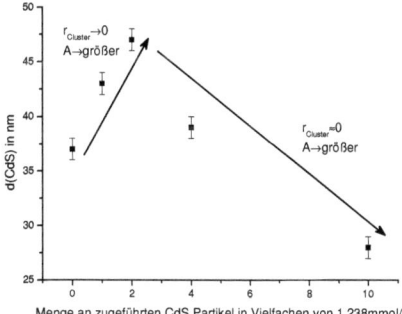

Abbildung 5-19: Schichtdicke am Ende des Prozesses über die Menge an zugegebenen CdS. Die Werte der Abszisse geben das Vielfache der eingesetzten Standardkonzentration von Cadmium aus einer Vorreaktion. Dieser Lösung wurden anschließend 5ml entnommen und einer frischen Reaktion unter Standardbedingungen zugefügt. Die Reaktionen wurden unter Standardbedingungen mit dem 0,5L Batch Aufbau durchgeführt. [Aus: Experiment KW070]

Diese Beobachtung und Erklärung ist in Übereinstimmung mit der Erfahrung, die in der Produktion gemacht wurde, als die Anzahl der Substrate pro Beschichtungsdurchgang erhöht wurde. Die Schichtdicke ist nahezu konstant geblieben, während die Prozesslösung nach dem Prozess deutlich durchsichtiger war. Die erhöhte Oberfläche gegenüber dem Volumen hat das Clusterwachstum reduziert und so zu einer erhöhten Selektivität geführt. Ebenfalls lässt sich dieses Phänomen bei der Reinigung des Reaktors beobachten. Mit zunehmenden Reaktionen ohne die Reinigung nimmt die CdS-Schicht allmählich ab, nach einer Lösung aller CdS Ablagerungen in saurer Lösung nimmt die Schicht dagegen spontan wieder zu. Von diesem Niveau aus nimmt die Schicht bis zur nächsten Reinigung erneut wieder ab. Die Ausbeutevariation beträgt hierbei zwischen 14,8% bei keiner Zugabe der CdS-Partikel und 18,9% bei der Zugabe der zweifachen CdS Menge. Die Fläche der CdS-Partikel wurde hier nicht eingerechnet.

Die letzte Möglichkeit einer selektiven Steuerung ist anhand dieser Daten mit Zugabe des Dimers Formamidindisulfid möglich. Die Steuerung wirkt sich, bezogen auf das Ziel der höchstmöglichen Deposition, jedoch negativ aus. Durch die Zugabe der Dimere in die Reaktionslösung wird die Reaktionsgeschwindigkeit der CdS-Molekülbildung beschleunigt. Hierdurch werden ebenfalls die Folgereaktionen beschleunigt. Da das Clusterwachstum jedoch eine höhere Geschwindigkeit zu haben scheint, nimmt die resultierende CdS-Schicht mit Zugabe der Dimere merklich ab. Unter der Betrachtung, dass ein ES-Thioharnstoff einen LS-Thioharnstoff mit 6μmol/l Dimer darstellt, ergibt sich bei einem reinen LS-Thioharnstoff eine Schicht von 75nm, was einer Ausbeute von 25,4% entspricht. Wird dieser Thioharnstoff-Charge bis zu 23,5μmol/l Dimer zugegeben, so reduziert sich die Schicht auf 25nm und die Ausbeute auf 10,3%.

Letztendlich lässt sich die Selektivität mit den Konzentrationen der Edukte, der Reaktionstemperatur, dem Volumen/Fläche-Verhältnis sowie der Menge an Dimeren steuern. Anhand der zugrunde liegenden Ergebnisse würde die Änderung der folgenden Parameter eine sehr hohe Ausbeute der Schichtdicke liefern:

- Geringe Thioharnstoff-Konzentration (140mmol/l)
- Hohe Cadmiumacetat-Konzentration (2mmol/l)
- Hohe Ammoniak-Konzentration (1,75mol/l)

- Niedrige Temperatur (25°C)
- Nutzung des LS-Thioharnstoffes
- Reaktion mit 270ml Volumen

Eine Reaktion unter diesen Bedingungen (jedoch bei 20°C als Reaktionstemperatur) wurde in einem 1L Becherglas durchgeführt. Damit das geringe Volumen auch die QCM bedecken kann, wurde ein 250ml Becherglas als Verdrängungskörper verwendet. Nach ca. 23h Depositionszeit wurde eine Schicht von 296nm gemessen. Dieses ergibt eine Ausbeute von 65,1% und bestätigt die Diskussion und die Annahmen über die selektive Steuerung in diesem Kapitel.

5.5 Simulation mit dem Modell

Mit den bisher gesammelten Daten, sowie der Vorstellung welche Reaktionen entstehen können, wurde das Modell in *Berkeley Madonna* [Mad83] berechnet. Diesem Modell liegen folgende Bedingungen zugrunde[38]:

- Cadmium wird mit Ammoniak zum Tetraamincadmium-II-Komplex komplexiert (Gl. 5-27)
- CdS-Bildung erfolgt durch die Reaktion von dem Cd-Komplex mit Thioharnstoff (Gl. 5-28)
- CdS-Moleküle scheiden sich nach dem molecule-by-molecule Modell an der Oberfläche ab (Gl. 5-29)
   - Die Oberfläche setzt sich zusammen aus der Grundfläche (Reaktor, Schläuche, Messküvette, etc.) und der Substratoberfläche zusammen
- Clusterbildung besteht aus der Bildung und Wachstum von Clustern:
   - Zwei CdS-Moleküle reagieren miteinander zu einem Cluster (Gl. 5-30)
   - Ein CdS-Cluster reagiert mit einem CdS-Molekül zu einem Cluster (Gl. 5-31)
- Zwei Cluster agglomerieren zu einem Nanopartikel (Gl. 5-32)

---

[38] Der Quelltext dieses Programms ist im Anhang beigefügt.

- Die Extinktion lässt sich nach Kapitel 4.4 direkt in die CdS-Konzentration umrechnen (Extinktion = CdS-Konzentration*3,978)
- Die Aktivierungsenergie für die CdS-Reaktion liegt im Bereich von 167kJ/mol

Folgende Reaktionsschritte wurden in das Modell aufgenommen:

$$Cd^{2+} + 4NH_3 \rightarrow [Cd(NH_3)_4]^{2+} \qquad \text{(Gl. 5-27)}$$

$$[Cd(NH_3)_4]^{2+} + S^{2-} \rightarrow CdS + 4NH_3 \qquad \text{(Gl. 5-28)}$$

$$CdS + A \rightarrow CdS_{dep} + A \qquad \text{(Gl. 5-29)}$$

$$CdS + CdS \rightarrow Cluster \qquad \text{(Gl. 5-30)}$$

$$CdS + Cluster \rightarrow Cluster \qquad \text{(Gl. 5-31)}$$

$$Cluster + Cluster \rightarrow Nano \qquad \text{(Gl. 5-32)}$$

Um die berechneten Werte mit den Messdaten vergleichen zu können wurde weiterhin angenommen:

- Die Extinktion setzt sich zusammen aus der Konzentration der CdS-Moleküle, der Cluster und der Nanopartikel.

$$\Delta E = \Delta c(CdS) + \Delta c(Cluster) + \Delta c(Nanopartikel) - \Delta d(Deposition)$$

- Der Leitwert setzt sich aus der Konzentration der freien und komplexierten Cadmium-Ionen

$$L = A \cdot c(Cd^{2+}) + B \cdot c([Cd(NH_3)_4]^{2+})$$

- Mit A,B als Konstanten für unterschiedliche Äquivalentleitfähigkeit. Die Deposition erfolgt in einer hexagonalen Struktur mit der Dichte von 4,82g/cm³.

Mit diesen Annahmen konnte eine Simulation und eine Anpassung an die bereits existierenden Daten gemacht werden (Abbildung 5-20).

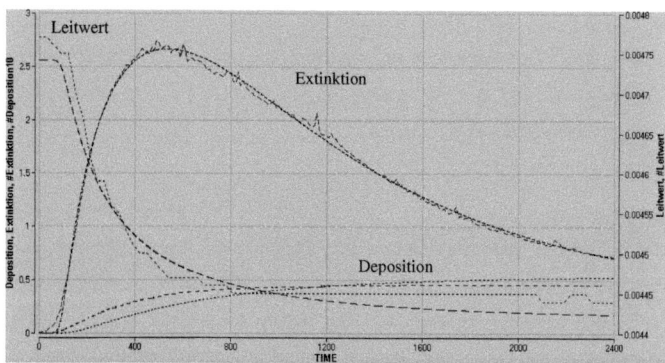

Abbildung 5-20: Darstellung der Extinktion, der Deposition sowie des Leitwerts über die Reaktionszeit. **Kurze Striche:** gemessene Extinktion. **Kurze Striche:** Mit dem Modell berechnete Konzentration der CdS-Moleküle und Partikel in der Lösung. Die Konzentration wurde in Extinktionswert umgerechnet. **Kurze Striche mit langem Abstand:** Mit QCM gemessene CdS-Schicht in $10^{-1}\mu m$. **Kurze Striche mit langem Abstand:** Mit dem Modell berechnete Konzentration von abgeschiedenen CdS. Konzentration wurde in die Einheit $10^{-1}\mu m$ umgerechnet. **Lange Striche:** Gemessene Leitfähigkeit der Lösung in mS/K. **Lange Striche:** Berechnete Konzentration der freien Cadmiumionen als Ionen und im Komplex. Die Konzentration wurde in die Einheit der Leitfähigkeit mS/K umgerechnet. Die Daten wurden bei Reaktionen unter Standardbedingungen mit dem 0,5L Batch Aufbau gemessen.

Die Abbildung zeigt eine relativ gute Anpassung der Extinktion an die Messdaten einer Reaktion. Die Deposition wurde nicht deckungsgleich simuliert. Die dritte Messung des Leitwertes ist ebenfalls, wie die Extinktion, deckungsgleich mit der Simulation.

Die aus der Simulation ermittelten Daten sind:

$E_A = 164$ kJ/mol

$k_{CdS,\infty} = 6{,}6 \cdot 10^{36}$ mol/l/s

$k_{dep,\infty} = 1{,}4 \cdot 10^{25}$ mol/l/s

Beim Vergleich dieser Werte mit den in Kapitel 4.3, 4.4 und 5.3 ermittelten Daten:

$E_A = 171 \pm 9$ kJ/mol

$k_{CdS,\infty} = 4{,}1 \cdot 10^{26} \pm 3{,}3 \cdot 10^{26}$ mol/l/s

$k_{dep,\infty} = 1{,}2 \cdot 10^{31} \pm 1{,}7 \cdot 10^{31}$ mol/l/s zeigt sich, dass die Aktivierungsenergie bei beiden Berechnungen innerhalb der Fehlergrenzen liegt. Der Stoßfaktor der CdS-Molekülbildung unterscheidet sich um die Größenordnung von 10, der Stoßfaktor für die Deposition liegt durch die große Ungenauigkeit innerhalb der Fehlergrenzen.

Das Ergebnis des Modells in *Berkeley Madonna* bestätigt die Annahme der Deposition von Molekülen beim CBD. Die bisher diskutierten Ergebnisse der Aktivierungsenergie und des Stoßfaktors werden damit bestätigt. Weiterhin macht die Simulation möglich, dass in der Produktion aufgenommene Extinktionskurven vorab ausgewertet werden können und mögliche Änderungen der Parameter theoretisch schneller angepasst werden können.

Bei diesem Modell muss beachtet werden, dass es sich um eine Vereinfachung handelt. Variationen einzelner Parameter zeigen eine Tendenz des Reaktionsverlaufes an. Aufgrund noch fehlender exakter Zusammenhänge bei den Folgereaktionen, sind die tendenziellen Reaktionsverläufe noch nicht deckungsgleich mit den real gemessenen Werten.

5.6 Vergleich des kinetischen Modells mit der Literatur

Das Modell der CdS-Deposition wurde in den letzten Jahren immer wieder untersucht. Da die Ergebnisse der Untersuchung unterschiedlich ausgefallen sind, entstanden die verschiedenen Depositionsmodelle wie sie in Kapitel 2.4.1 vorgestellt wurden. Beginnend mit einer partikulären Depositionsvorstellung, wie sie die bei der Deposition von PbS entstand [Kit65], wurde das Modell anschließend durch weitere Untersuchungen als eine heterogene Reaktion (ion-by-ion Modell) vorgeschlagen [Kau80]. Dieses Modell wurde aufgegriffen und in experimentellen Untersuchungen auf die Kinetik der Deposition untersucht und bestätigt [Ort93] [Fro95]. Mit erweitertem experimentellem Aufbau wurde das Modell der CdS-Deposition kritisch betrachtet und ein Vorschlag der heterogenen Reaktion und einer partikulären Deposition von Clustern gemacht [Vos04] und bis in die gegenwärtige Zeit übernommen [Sou07]. In dieser Arbeit wurde das Modell erneut kritisch betrachtet, dabei wurde das gesamte System als ein dynamisches Reaktionsnetzwerk mehrerer Reaktionen angenommen und untersucht. Wie bereits in Kapitel 2.5.1 dargestellt und Kapitel 5.1 diskutiert, wurden die Reaktionen von der Startreaktion bis zur anschließenden Konkurrenzreaktionen beobachtet. Das Modell der molekularen Abscheidung konnte anhand der kinetischen Betrachtung und einer vereinfachten Modellierung im vorangegangenen Kapitel bestätigt werden und soll nun mit den in der Literatur erwähnten Beobachtungen verglichen werden.

Die unterschiedlichen Beobachtungen und Interpretationen wurden mit den in dieser Arbeit ermittelten kinetischen Daten verglichen. Dieser vereinfachte Vergleich beinhaltet nicht die Abhängigkeit von dem Volumen, der Depositionsoberfläche sowie der Thioharnstoff-Charge. Trotz der vereinfachten Betrachtung wurde ein grundlegender Zusammenhang gefunden. Während die Arbeiten, die eine Clusterdeposition als Wachstumsmodell aufgegriffen haben, eine sehr schnelle Reaktion der CdS-Molekülbildung aufweisen, sind die Bedingungen der Untersuchungen, aus denen eine heterogene Reaktion interpretiert wurde, so ausgelegt, dass eine langsamere CdS-Molekülbildung stattfindet. Beachtet man nun die Konkurrenzreaktion der nachgeschalteten stofftransportlimitierten Deposition und das CdS-Molekül abhängige Clusterwachstum, so sind beide Beobachtungen der Stofftransportlimitierung (beim Cluster Modell) und keiner Stofftransportlimitierung (beim Ion Modell) möglich und somit beide Interpretationen möglich. Für den Vergleich der Reaktionsbedingungen aus der Literatur wurden diese sowie die daraus resultierenden Reaktionsgeschwindigkeiten in der Tabelle 5-5 dargestellt.

Tabelle 5-5: Reaktionsbedingungen, die daraus resultierende Reaktionsgeschwindigkeit sowie die resultierenden Depositionsmodelle verschiedener kinetischer Untersuchungen. Die Konzentration von NH$_3$ bei Gruppe um Voss wurde zusammengesetzt aus NH$_3$ und NH$_4$Cl. Reaktionsgeschwindigkeit wurde berechnet mit $k_{CdS,\infty} = 6,6 \cdot 10^{26}$, $E_a = 164 kJ/mol$.

Gruppe	Eingesetzte Konzentrationen in mol/l			T in °C	Reaktionsgeschwindigkeit der CdS-Molekülbildung		Modell
	Thioharnstoff	Cd	NH$_3$		in mol/ls	relativ	
Chopra	0,2	0,1	6	65	1,65E-02	172	ion-by-ion
Ortega	0,028	0,014	1,74	60	1,61E-03	17	ion-by-ion
Froment	0,2	0,1	2,44	60	4,17E-02	432	ion-by-ion
Voss	0,0036	0,00037	0,003	75	2,42E+01	251347	molecule-by-molecule und cluster-by-cluster
Wilchelmi	0,185	0,00124	1	42	9,64E-05	1	molecule-by-molecule

Bei dem Vergleich der relativen Geschwindigkeiten der CdS-Molekülbildung in Tabelle 5-5 sind die vorgeschlagenen Modelle und die Beobachtungen nicht weiter verwunderlich. Die extrem beschleunigte Reaktionsgeschwindigkeit bei der Arbeitsgruppe um Voss macht deutlich, dass bei diesen Bedingungen eine Stofftransportlimitierung vorliegen musste. Die Reaktion ist um den Faktor 10^5 höher als die Bedingungen in dieser Arbeit und um den Faktor 500 gegenüber den Arbeiten um Froment. Wie die Selektivitätsbetrachtung in Kapitel 5.4 bereits erörtert, führt die sehr schnelle Bildung der CdS-Moleküle zu einer beschleunigten Clusterbildung und einem Clusterwachstum. Der Stofftransport der Moleküle hemmt dagegen die Deposition bei diesen hohen CdS-Bildungsgeschwindigkeiten. Entsprechend ist ein Stofftransport visualisierbar, sobald die Konvektion des Systems verändert wird. Bei langsameren Reaktionen, wie bei der Arbeitsgruppe um Ortega und bei dieser Arbeit, ist der Stofftransport nicht mehr erkennbar und eine Unabhängigkeit vom Stofftransport beobachtbar, sowie eine direkte Abhängigkeit von den eingesetzten Konzentrationen der Edukte.

Das in dieser Arbeit bestätigte Modell der molekularen Abscheidung von CdS kann somit anhand der kinetischen Betrachtung auch nachträglich auf veröffentlichte Arbeiten angewendet werden. Dabei lässt sich unter Betrachtung der CdS-Molekülbildung, der Deposition und dem Clusterwachstum das in den Publikationen beobachtete Verhalten der Reaktion mit dem molekularen Depositionsmodell erklären. Auf diese Weise findet dieses Modell erneut eine Bestätigung und räumt die bisherigen beobachteten kontroversen Ergebnisse aus dem Weg.

5.7 Kombination der Kinetik von CdS mit ZnS

Wie bereits in Kapitel 2.4 geschrieben ist es erstrebenswert das Metall Cadmium gegen weitaus geringer toxische Metalle zu ersetzen. *„Derzeit sind Untersuchungen zur Ersetzung des CdS durch ein ungiftiges Material, wie zum Beispiel Zn(S,O), ZnOH, In(S,O), InOH, Mg(S,O) oder auch MgOH im Gange. Diese Schichten haben gegenüber CdS neben ihrer Ungiftigkeit den Vorteil, dass sie aufgrund ihrer optoelektronischen Eigenschaften (höhere Bandlücke als CdS, höhere Transparenz) Optimierungspotential in der Stromsammlung der Zelle generieren."* [WiP09a]. Die Erzeugung des Photostroms entsteht durch die Absorption des Sonnenlichts in dem Absorber. Eine möglichst hohe Transmission durch die Fenster- und Pufferschicht ist daher erforderlich. CdS ist an dieser Stelle mit seiner Absorptionskante um

512nm eher hinderlich. Eine vollständige Substitution des CdS-Puffers hat jedoch zur Folge, dass die anderen Parameter wie der Füllfaktor (FF) und die Leerlaufspannung (Voc) abnehmen. Um die guten strukturellen und elektronischen Anpassungen der Pufferschicht auf die Absorberschicht nicht zu verlieren und dennoch eine maximal mögliche Transparenz zu erhalten wurde die CdS-Pufferschicht reduziert und die Abdeckung von Fehlstellen durch eine alternative Pufferschicht (hier Zn(S,O)) ergänzt. Dabei sollte nach Möglichkeit eine scharfe Grenzschicht zwischen dem CdS-Puffer und dem Zn(S,O) vermieden werden.

An dieser Stelle wurden die Erkenntnisse der kinetischen CdS Beschichtung aus dieser Arbeit, sowie der kinetischen Übertragung und Erfahrung von Zn(S,O) Puffer [Sae08], verbunden. Durch das unterschiedliche kinetische Verhalten von beiden Reaktionen können diese sequenziell in einem simultanen Prozess abgeschieden werden [WiP09a]. Hierbei entsteht keine scharfe Grenzschicht wie bei einem sequenziellen Prozess, sondern ein Gradient zwischen der CIS-Absorberschicht und der ZnO Fensterschicht. Abbildung 5-21 zeigt ein Tiefenprofil einer solchen Schicht auf einem CIS-Absorber.

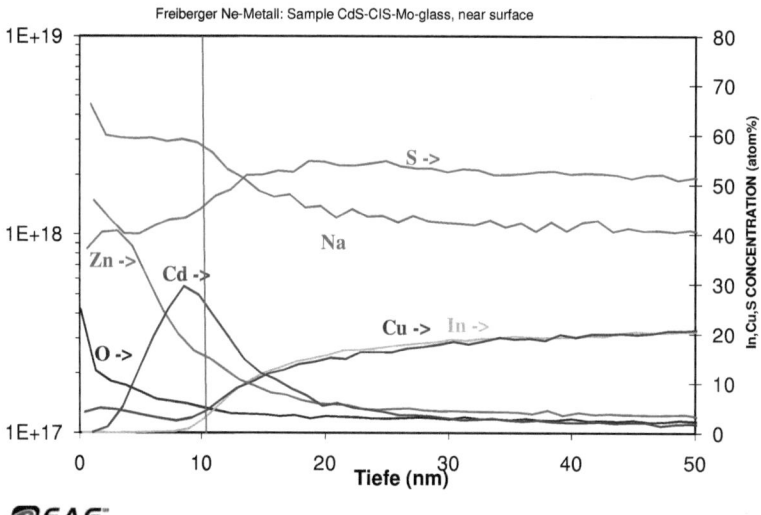

Abbildung 5-21: SIMS von einem CIS-Absorber mit dem Puffermix. Markierte Senkrechte stellt die Grenzschicht zwischen dem Puffer und dem Absorber dar. Aufgetragen ist die Konzentration der einzelnen Elemente gegenüber der Tiefe der Probe. Die Achsenbeschriftung auf der linken Seite zeigt die Atomzahl von Natrium an. Die Achsenbeschriftung auf der rechten Seite gilt für alle übrigen Elemente.

Die Messung zeigt eine abnehmende Menge an Sauerstoff entlang der Pufferschicht bis zum Absorber. Während die Menge an Sauerstoff, d.h. Oxiden, abnimmt, nimmt die Menge an Schwefel, also Sulfiden, zu. Mit der Abnahme des Oxidanteils nimmt auch die Zinkmenge ab und die Menge an Cadmium nimmt zu. Letztendlich beweist diese Messung, dass sich eine reine CdS-Schicht direkt an dem Absorber befindet. Die Konzentration nimmt in Richtung der ZnO Schicht ab, während gleichzeitig die ZnS Konzentration zunimmt. Anschließend nimmt noch die ZnO Schicht zu, sodass von einem zweifachen Gradienten ausgegangen werden kann, an dem erst (zum Absorber hin) CdS, dann ZnS und letztendlich ZnO (zur Fensterschicht hin) vorherrscht.

Die Zellen mit diesem Puffer zeigen ebenfalls eine besonders intensive Stromdichte, trotz Erhaltung vom FF und Voc. Tabelle 5-6 zeigt die IV-Parameter der Zellen mit reinem CdS und dem Mix aus CdS/Zn(S,O). In dieser Tabelle kann direkt abgelesen werden, dass der Maximalwert einer Zelle um 0,5% (absolut) des Wirkungsgrades besser ist als die CdS Referenz. Der Medianwert zeigt sogar eine Wirkungsgradsteigerung um bis zu 1% absolut.

Tabelle 5-6: Die Maximalwerte der besten Zelle sowie der Medianwert über 12 Zellen bei unterschiedlichen Pufferschichten.

	Max η_{el} [%]	Voc [V]	FF [%]	Jsc [mA/cm²]	Median η_{el} [%]	Voc [V]	FF [%]	Jsc [mA/cm²]
CdS	9,48	0,669	67,7	21,4	8,52	0,654	65,2	20,1
CdS/Zn(S,O)	10,01	0,658	68,7	23,0	9,77	0,646	67,0	22,6

Dass es sich um eine echt gemessene Stromdichte handelt, lässt sich mit einer Quantenausbeute zeigen. Bei dieser wird die Effizienz der Stromumwandlung in Abhängigkeit von der Wellenlänge gemessen. Abbildung 5-22 zeigt die Quantenausbeute der beiden besten Zellen.

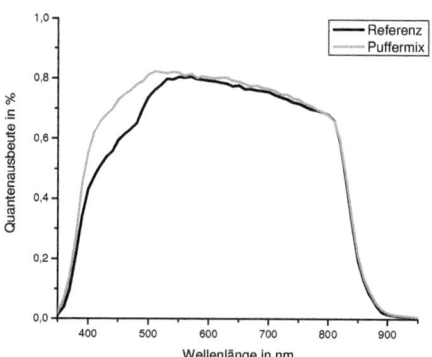

Abbildung 5-22: Quantenausbeute einer CIS Zelle mit CdS-Puffer (**grau**) im Vergleich zu einer CIS-Zelle mit CdS/Zn(S,O) als Puffer (**schwarz**).

Die deutlich niedrigere CdS-Schicht und Kompensierung des Puffers mit der Zn(S,O) Schicht führt zu einer höheren Transparenz über das Spektrum zwischen 400nm und 750nm. Weiterhin geht aus dem sehr starken Unterschied der Ausbeute zwischen 400nm und 500nm in der Abbildung 5-22 hervor, dass das Potenzial der Transparenz zwischen der ZnS und CdS-Schicht gewonnen werden konnte. Die Erkenntnisse aus der Kinetik der CdS-Bildung sowie der theoretische Transfer zur Kinetik der ZnS-Bildung führten zu einem neuen Puffer, welcher eine Reduktion der CdS Schicht möglich macht. Letztendlich konnte auf diese Weise der Wirkungsgrad durch höhere Stromdichte und gleichbleibenden FF sowie Voc deutlich erhöht werden.

6 Zusammenfassung

In dieser Arbeit konnte die Reaktion der CdS-Bildung und das anschließende Cluster- und Schichtwachstum anhand einer kinetischen Untersuchung durch Extinktionsmessungen der Reaktionslösung beobachtet werden (Kapitel 2.5.1). Die Beobachtung der Reaktionsverläufe wurde durch eine redundante Messmethode, der elektrischen Leitfähigkeit, unterstützt (Kapitel 2.5.2). Separate Messungen der Schichtdicke mit REM, Reflektometrie sowie mit der QCM zeigten synchron das Depositionsverhalten von CdS (Kapitel 2.5.3). Mit diesen analytischen Methoden (Kapitel 5.1) und gezielten Parametervariationen konnte die Kinetik der CdS-Partikelbildung untersucht werden, sowie separat davon die Deposition von CdS auf dem Substrat (Kapitel 5.3). Anhand des kinetischen Verständnisses und durch die getrennte Betrachtungsmöglichkeit der Deposition von der Partikelbildung in der Mutterlauge konnten zwei, der bis dahin bestehenden Depositionsmodelle, ausgeschlossen werden (Kapitel 5.2). Letztlich wurde das Depositionsmodell der molecule-by-molecule Abscheidung anhand der Daten bestätigt. Vereinfachte Simulationen dieser Reaktion mit dem Programm *Berkeley Madonna* konnten nicht nur dieses Depositionsmodell, sondern auch das gesamte Reaktionsmodell bestätigen (Kapitel 5.5). Das Depositionsmodell der molekularen Abscheidung konnte ebenfalls auf die kontroversen Beobachtungen früherer Publikationen angewendet werden. Im Besonderen konnte die in dieser Arbeit ermittelte Kinetik der CdS-Molekülbildung die unterschiedlichen Beobachtungen erklären und auf diese Weise sämtliche Ergebnisse auf das molecule-by-molecule Modell zurückführen (Kapitel 5.6).

Durch das erworbene Verständnis der Reaktion konnte im Anschluss die Nutzung dieser Reaktion zur nasschemischen Deposition von CdS in Bezug auf die Selektivität und Ausbeute optimiert werden. Ansätze einer optimalen technischen Realisierung wurden gezeigt und parallel zu dieser Arbeit auch bei der Fa. Sulfurcell umgesetzt (Kapitel 5.4).

Anhand der industrienahen Arbeit konnte das Problem der Chargenabhängigkeit des Thioharnstoffs beobachtet werden. Diese wurde, wie in Kapitel 3 beschrieben, untersucht und die Ursache ermittelt. Dabei wurde die katalytische Wirkung von Formamidindisulfid für die CdS-Molekülbildung entdeckt und ein Verfahrenspatent angemeldet. Die katalytische Steuerung der Reaktion wurde bereits für die CdS-Deposition, wie auch für weitere Prozesse wie CdS/Zn(S,O) Puffer, sowie beim Recycling von Thioharnstoff und Ammoniak bei der

CdS-Abscheidung genutzt. Der Mechanismus, ein katalytischer Kreislauf dieser Reaktion, wurde ebenfalls vorgeschlagen und durch analytische Methoden indirekt bestätigt.

Zum Schluss wurde durch parallele Arbeiten an cadmiumfreien Puffern und durch den Vergleich der Kinetik von CdS und Zn(S,O) ein Puffer sowie ein Verfahren entwickelt, welches eine Wirkungsgradsteigerung einer Solarzelle anhand einer erhöhten Transparenz bei nahezu gleichbleibenden FF und Voc als Ergebnis hat (Kapitel 5.7). Dieses Material, sowie das verwendete Verfahren, konnten in einem weiteren Patent geschützt werden.

Das in dieser Arbeit genutzten Messverfahren und die Interpretation der Ergebnisse zum tatsächlichen Abscheideverhalten führten zu einer neu eingeführten Prozesskontrolle des CBD Prozesses in der Produktion.

Für das gesamte Verständnis der Reaktionen im CBD fehlt die Kenntnis des exakten Einflusses des Dimers Formamidindisulfid. Der in dieser Arbeit vorgeschlagene Katalysezyklus führt zwar zu den erwünschten Ergebnissen, der Einfluss auf die Folgereaktionen, insbesondere die Clusterbildung und das Clusterwachstum, ist jedoch noch nicht vollständig erforscht worden. Eine Erweiterung der Katalyse auf eventuell weitere Oligomere könnte den Mechanismus der Clusterbildung aufdecken.

An dieser Stelle wären grundlegende Untersuchungen bei der Entstehung der Dimere hilfreich. Auf diese Weise könnte einheitlicherer Thioharnstoff für die Pufferbeschichtung bei der Photovoltaik hergestellt werden. Mit dem Wissen, wann und mit welcher Geschwindigkeit das Dimer entsteht, wäre unterschiedliches Verhalten der Reaktionen durch die Lagerung nicht mehr problematisch, wie es bei dem LS-Typ ist. Unter Umständen ließe sich auf diese Weise auch ein neues Verfahren zur Bildung von dem Dimer entwickeln.

Weiterhin wäre der Einfluss von Ammoniak auf die Clusterbildung wissenswert. Der Mechanismus dieser Reaktion sollte im Bezug auf die selektive Steuerung in fortführenden Arbeiten untersucht werden. Die Konzentrationen der unterschiedlichen Komplexe sind durch Berechnungen bekannt. Mit zusätzlichen Informationen, wie die Folgereaktion der Clusterbildung verlangsamt werden kann, wäre eine Optimierung des Reaktionssystems in Bezug auf die Selektivität und Eduktverbrauch möglich.

Im Endeffekt fehlt für das grundlegende Verständnis der Abscheidung die genaue Kinetik der Keimbildung. Mit diesem Verständnis könnten die oben benannten Ziele des Einflusses der Dimere und des Ammoniaks auf die Reaktionskinetik einfacher erreicht werden. Desweiteren könnte anhand dieser Parameter das gesamte Reaktionsmodell noch besser verstanden werden. Auf diese Weise wäre die in Kapitel 5.5 vorgestellte Simulation auch bei größeren Änderungen der Parameter realitätsnaher. Simulationsberechnungen zu höherer Selektion des abgeschiedenen CdS wären möglich.

Naheliegend ist ebenfalls die Übertragung dieses Modells auf alternative Puffer. Erste Bemühungen mit Zn(S,O) führten bereits zu neuen Materialien mit gesteigertem Wirkungsgrad. Anhand des kinetischen Verständnisses bei diesem und weiteren alternativen Puffern wäre eine Reihe von neuen Puffermaterialien möglich. Mit der Entwicklung würde das Verständnis wachsen, wofür ein Puffer wichtig ist und was genau an dem Puffer notwendig ist, sodass dieser verändert und per Definition cadmiumfrei werden könnte, ohne dass dabei die Solarzelle an Leistung verliert.

Anhang

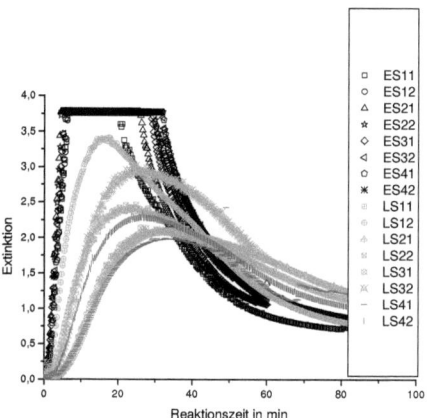

Abbildung 0-1: Reproduzierbarkeit über mehrere Tage. Es wurden pro Tag je zwei Reaktionen unter Standardbedingungen und mit dem 0,5L Batch Aufbau durchgeführt. Dabei wurde sowohl der ES-Thioharnstoff als auch der LS-Thioharnstoff verwendet. [Aus: Experiment KW038]

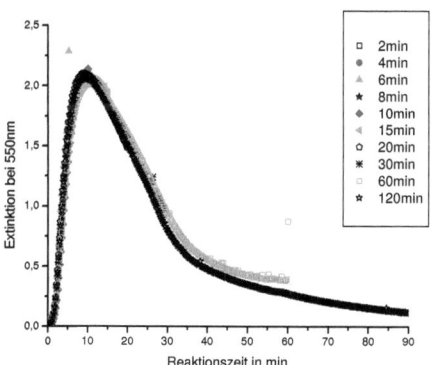

Abbildung 0-2: Zeitlich aufgelöster Verlauf der Extinktion aller Reaktionen zu Abbildung 4-21.

Tabelle 0-1: Ermittelte Steigungen zu Abbildung 0-1 sowie die Standard- und die relativen Abweichungen für Werte vom gleichen Tag, wie auch für Werte aus allen Tagen für beide Thioharnstoff-Typen. Die Standardabweichung vom gleichen Tag gibt die Steigungsunterschiede des gleichen Tages an. Die relativen Abweichungen vom gleichen Tag geben den prozentualen Wert der Standardabweichung zu der jeweils ermittelten Steigung. Die weitere Position der Standardabweichung der Ansätze gibt die Standardabweichung der Steigungen in Abhängigkeit vom ersten Versuch eines neuen Ansatzes wieder. Die relative Abweichung gibt entsprechend die prozentuale Abweichung von der jeweiligen Steigung an.

Versuch	Steigung	Standardabweichung am gleichen Tag	rel. Abweichung am gleichen Tag	Standardabweichung nach Ansatz	rel. Abweichung nach Ansatz
ES11	0,737	0,007	0,9%		22,3%
ES12	0,728		0,9%		
ES21	1,107	0,042	3,8%		14,8%
ES22	1,048		4,0%	0,164	
ES31	0,889	0,022	2,5%		18,5%
ES32	0,858		2,6%		
ES41	0,786				20,9%
LS12	0,449				
LS21	0,128	0,0588	46,0%		12,8%
LS22	0,211		27,9%		
LS31	0,136	0,071	52,0%	0,011	7,8%
LS32	0,236		30,0%		
LS41	0,115	0,040	34,8%		9,3%
LS42	0,172		23,3%		

Quelltext zu der Simulationsberechnung mit *Berkeley Madonna*

Geschwindigkeitskonstanten für die Kompexbildung
K1 = 5.79
K1f = K1*Cd/Ammonia^4
K1r = 0.544

CdS-Molekülbildung, Stoßfaktor, Aktivierungsenergie, universelle Gaskonstante, Temperatur in °C sowie die Reaktionsgeschwindigkeitskonstanten mit dem kinetischen Ansatz
kunendl = 1.66e+35
Ea = 163500
R = 8.314
T = 42
K2f = kunendl*exp(-Ea/R/(T+273))*CdS*Thio*Cd/Ammonia/Ammonia
K2r = 0

Geschwindigkeitskonstanten für die Clusterbildung
K3f = 0.126
K3r = 0

Geschwindigkeitskonstanten für den Clusterwachstum
K4f = 35.14
K4r = 0

CdS-Deposition, Stoßfaktor, Aktivierungsenergie sowie die Reaktionsgeschwindigkeitskonstanten mit dem kinetischen Ansatz
kunendldepo = 1.3e+25
Eadepo = Ea
K5f = kunendldepo*exp(-Eadepo/R/(T+273))*Cd*thio/Ammonia/Ammonia
K5r = 0

Geschwindigkeitskonstanten für die Nanopartikelbildung
K6f = 45
K6r = 0

Prozessparameter: Reaktionsvolumen, Fläche von QCM, von den Schlauchinnenwänden wie auch vom Reaktor und berechnete Gesamtfläche,
V = 360
A = 50
Afest = 519
Ages = (A+Afest)*360/V

Parameter für die Anpassung der Konzentrationen an die elektrische Leitfähigkeit, w und z bilden die Proportionalitätsfaktoren für freies und komplexiertes Cadmium
Leitwertstart = 0.00438056
Leitwertfaktor = 0.306738
w = 1
z = 1

Initiationskonzentrationen
INIT Cd = 0.001238
INIT CdAmmonia = 0
INIT CdS = 0.000000001
INIT Thio = 0.185
INIT Harnstoff = 0
INIT Cluster = 0
INIT CdSdepo = 0
INIT Nano = 0
Ammonia = 1

Koeffizienten für die minimale Größe der Cluster (x) und Nanopartikel (y)
x = 2
y = 4

Reaktionsgleichungen
RXN1 = K1f*Cd*Ammonia*Ammonia*Ammonia - K1r*CdAmmonia
RXN2 = K2f*CdAmmonia*Thio - K2r*CdS*Ammonia*Ammonia*Harnstoff
RXN3 = K3f*CdS*CdS - K3r*Cluster
RXN4 = K4f*Cluster*CdS - K4r*Cluster
RXN5 = K5f*CdS*Ages
RXN6 = K6f*Cluster*Cluster - Nano

Berechnung des Stoffgleichgewichtes sowie Berechnung der beobachteten Größen
TestCadmium = Cd+CdAmmonia+CdS+CdSdepo+x*Cluster+y*Nano
TestThio = Thio+CdS+CdSdepo+x*Cluster+y*Nano
Extinktion = (CdS + x*Cluster + y*Nano)*3.987*1000
Deposition = CdSdepo*10000/Ages/4.82*144.48*V/1000*10
Leitwert = Leitwertstart+Leitwertfaktor*(w*Cd+z*CdAmmonia)

Berechnung der Konzentrationsänderung mit der Zeit
d/dt (Cd) = -RXN1
d/dt (CdAmmonia) = RXN1-RXN2
d/dt (CdS) = +RXN2-2*RXN3-RXN4-RXN5
d/dt (Thio) = -RXN2
d/dt (Cluster) = RXN3-RXN6-RXN6
d/dt (Harnstoff) = RXN2
d/dt (CdSdepo) = RXN5
d/dt (Nano) = RXN6

Berechnungsparameter: Methode, Zeiten sowie Intervalle
METHOD RK4
STARTTIME = 0
STOPTIME=40*60
DT = 0.02

Literaturverzeichnis

[All05] Allsop, N.A. und A. Schönmann, H.-J. Muffler, M. Bär, M.C. Lux-Steiner, Chr.H. Fischer. 2005. Spray-ILGAR Indium Sulfide Buffers for Cu(In,Ga)(S,Se)2 Solar Cells. *Progress in Photovoltaics: Research and Applications.* 13, 2005, S. 607-616.
[All07] Allsop, N.A. und C. Camus, A. Hänsel, S.E. Gledhill, I. Lauermann, M.C. Lux-Steiner, Chr.H. Fischer. 2007. Indium sulfide buffer/CIGSSe interface engineering: Improved cell performance by the addition of zinc sulfide. *Thin Solid Films.* 515, 2007, S. 6068-6072.
[Aug04] Auge, J. 2004. Moleküle auf der Waage. *Mitteldeutsche Mitteliungen.* 3, 2004, S. 16-18.
[Cho82] Chopra, K. L. 1982. Chemical Solution Deposition of Inorganic Films. *Physics of Thin Films.* 12, 1982, S. 167-235.
[Sou07] D. Soubane, A. Uhlal, G. Nouet. 2007. The Role Of Cadmium Oxide Within The Thin Films Of The Buffer CdS Aimed At Solar Cells Based Upon CIGS Films Fabrication. *M. J. Condensed Matter.* 9 (1), 2007.
[Eif07] Eifert, M. und A. Oberheitmann, P. Suding. 2007. Chinas Energieverbrauch 2005. *China aktuell.* 1 (36), 2007, S. 5-38.
[Ene06] 2006. Energieversorgung für Deutschland, Statusbericht für den Energiegipfel am 3. April 2006. 2006.
[Enn00] Ennaoui, A. 2000. High Efficiency CIGSS Thion Film based Solar Cells and Minimodules. *M. J. Condensed Matter.* 3 (1), 2000, S. 8-15.
[Enn98] Ennaoui, A. und M. Weber, R. Scheer, H.J. Lewerenz. 1998. Chemical-bath ZnO buffer layer for CuInS2 thin-film solar cells. *Solar Energy Materials and Solar Cells.* 54, 1998, S. 277-286.
[Enn09] Ennaoui, A. und R. Saez-Araoz, T.P. Niesen, A. Neisser, K. Wilchelmi, M.C. Lux-Steiner. 2009. CBD-Zn(S,O) Buffer Layers for Cu-Chalcopyrite Solar Modules During Athlet Project: Present Status and Recent Developments. *25th European Photovoltaic Solar Energy Conference and Exhibition (25th EU PVSEC) and 5th World Conference on Photovoltaic Energy Conversion (WCPEC-5).* Valencia, Spain, 2009.
[Eve03] Evers, J. und P. Klüfers, R. Staudigl, P. Stallhofer. 2003. Czochralskis schöpferischer Fehlgriff: ein Meilenstein auf dem Weg in die Gigabit-Ära. *Angewandte Chemie.* 115, 2003, S. 5862-5877.
[FAZ06] FAZ-Redaktion. 2006. Silizium bleibt teuer und knapp bei FAZ.NET vom 08.02.2006. *http://www.faz.net/s/Rub48D1CBFB8D984684AF5F46CE28AC585D/Doc~E2A15DF27BA11 4182A3269AC0CDC3428A~ATpl~Ecommon~Scontent.html.* 2006, (Zugriff: 31.03.2010, 14:00 MESZ).
[Fis89] Fischer, Ch.-H. und J. Lilie, H. Weller, L. Katsikas, A. Henglein. 1989. Photochemistry of Colloidal Semiconductors 29. Fracttionation of CdS Sols of Small Particles by Exclusion Chromatography. *Ber. Bunsenges. Phys. Chem.* 93, 1989, S. 61-64.
[Fla70] Flachowsky, J. und Müller, H. 1970. Beiträge zur Analytik von Zerfallsprodukten der Inhibitorwechselwirkung an metallischen Grenzflächen. *Mikrochimica Acta.* 1970, S. 443-451.
[Fro95] Froment, M. und Lincot, D. 1995. Phase Formation Process in Solution at the Atomic Level: Metal Chalcogenide Semiconductors. *Electrochemica Acta.* 40 (10), 1995, S. 1293-1303.

[Fuh00] **Fuhs, W. 2000.** Photovoltaik - Stand und Perspektiven. *ForschungsVerbund Sonnenenergie: Themen 2000 [Sonne - Die Energie des 21. Jahrhunderts].* 2000, S. 14-20.
[Fur98] **Furlong, M.J. und M. Froment, M.C. Bernard, R. Cortes, A.N. Tiwari, M. Krejci, H. Zogg, D. Lincot. 1998.** Aqueous solution epitaxy of CdS layers on CuInSe2. *Journal of Crystal Growth.* 193, 1998, S. 114-122.
[Gor07] **Gordijn, A. und R. Klenk, M. Köntges, S. Wieder, B. Stannowski. 2007.** Prozessentwicklung für die industrielle Pilotierung von Dünnschichttechnologien. *ForschungsVerbund Sonnenenergie: Themen 2007.* 2007, S. 96-100.
[Gre06] **Green, M. A. und K. Emery, D.L. King, Y. Hishikawa, W. Warta. 2006.** Solar Cell Efficiency Tables (Version 28). *Prog. Photovolt: Res. Appl.* 14, 2006, S. 455-461.
[Gri09] **Grimm, A. und R. Klenk, J. Klaer, I. Lauermann, A. Meeder, S. Voigt, A. Neisser. 2009.** CuInS2-based thin film solar cells with sputtered (Zn,Mg)O buffer. *Thin Solid Films.* 518, 2009, S. 1157-1159.
[Hah09] **Hahlen, Johann. 2009.** *Statistisches Jahrbuch 2009.* 2009. ISBN 978-3-8246-0839-3.
[Har05] **Hariskos, D. und S. Spiering, M. Powalla. 2005.** Buffer layers in Cu(In,Ga)Se2 solar cells and modules. *Thin Solid Films.* 480-481, 2005, S. 99-109.
[Heb04] **Hebalkar, N. und S. Kharrazi, A. Ethiraj, J. Urban, R. Fink, S.K. Kulkarni. 2004.** Structural and optical investigations of SiO2-CdS core-shell particles. *J. Colloid Interface Science.* 278, 2004, S. 107-114.
[Hug03] **Hugo, P. und A. Seidel-Morgenstern, J. Steinbach, R. Schomäcker. 2003.** *Vorlesungsskript: Grundzüge der Technischen Chemie I.* 2003. Bd. 6. Auflage.
[Jar97] **Jarabek, B.R. und D.G. Grier, D.L. Simson, D.J. Seidler, P. Boudjouk, G.J. McCarthy. 1998.** *Adv. X-Ray Anal.* 1998. XRD and TEM Characterization of Compound Semiconductor Solid Solutions: Sn(S,Se) and (Pb,Cd)S, Bd. 40.
[Kau80] **Kaur, I. und D.K. Pandya, K.L. Chopra. 1980.** Groth Kinetics and Polymorphsm of Chamically Deposited CdS Films. *J. Electrochem. Soc.: Solid-State Science and Technology.* 127 (4), 1980, S. 943-948.
[Kes92] **Kessler, J. und K.O. Velthaus, M. Ruckh, R. Laichinger, H.W. Schock, D. Lincot, R. Ortega, J. Vedel. 1992.** Chemical Bath Deposition of CdS on CuInSe2 Etching Effects and Growth Kinetics. *6th International Photovoltaic Science and Engineering Conference (PVSEC-6).* New Delhi, India, 1992.
[Kit65] **Kitaev, G.A. und A.A. Uritskaya, S.G. Marushin. 1965.** Conditions for the Chemical Deposition of Thin Film of Cadmium Sulphide on a Solid Surface. *Russ. J. Phys. Chem.* 39, 1965, S. 1101-1102.
[Kit74] **Kitaev, G.A. und Romanov, I.T. 1972.** Kinetics of thiourea decomposition in alkaline media. *Izv. Vyssh. Uchebn Zaved. Khim. Tekhnol.* 1972, Bd. 17, S. 1427.
[Kit05] **Kittel, C. 2005.** *Einführung in die Festkörperphysik.* s.l. : Oldenbourg Wissenschaftsverlag, 2005.
[Kos00] **Kostoglou, M. und N. Andritson, J. Karabelas. 2000.** Modeling Thion Film CdS Development in a Chemical Bath Deposition Process. *Ind. Eng. Chem. Res.* 39, 2000, S. 3272-3283.
[Kwi82] **Kwietniak, M. und T. Warminski, R. Beaulieu, L. Kazmerski, J.J. Loferski. 1982.** Rf-Sputtering of Low Resistivity CdS Thin-Films. *Journal of the Electrochemical Society.* 129, 1982, S. C95.
[LaM50] **LaMer, V.K. und Dinegar, R.H. 1950.** Theory, Production and Mechanism of Formation of Monodispersed Hydrosols. *J. Am. Chem. Soc.* 72 (11), 1950, S. 4847-4854.
[Lan82] **Landolt-Börnstein. 1982.** *Zahlenwerte und Funktionen aus Naturwissenschaft und Technik.* s.l. : Springer Verlag, 1982. Bd. 17.

[Lin05] **Ling, F. und Z. Gong., Z. Da-ming, Z. Ming, Z. Min-Sheng. 2005.** Local segregation in Cu-In precursors and its effects on microstructures of selenized CuInSe2 thin films. *Journal of Central South University of Technology.* 12 (1), 2005, S. 13-16.
[Lux01] **Lux-Steiner, M.C. und Willeke, G. 2001.** Strom von der Sonne. *Physikalische Blätter.* 57 (11), 2001, S. 47-53.
[Mad83] **Madonna, Berkeley.** Programm zur Modellierung und Analysen von dynamischen Systemen, eingeschränkte Freeware mit gegenwärtiger Version 8.3.18 für Windows bei www.berkeleymadonna.com.
[Mal01] **Malik, M.A. und N. Revaprasadu, P. O`Brien. 2001.** Air-Stable Single-Source Precursors for the Synthesis of Chalcogenide Semiconductor Nanoparticles. *Chem. Mater.* 13, 2001, S. 913-920.
[Mar72] **Marcotrigiano, G. und G. Peyronel, R. Battistuzzi. 1972.** Kinetics of the desulphuration of 35S-labelled thiourea in sodium hydroxide studied by chromatographic methods. *J. Chem. Soc. Perkin Trans. II.* 1972, S. 1539-1541.
[Mar00] **Markvart, T. 2000.** *Solar Electricity.* 2nd Edition. s.l. : Wiley, 2000. [ISBN-13] 978-0471988533.
[Mar86] **Martin, P. 1986.** Review of Ion-based methods of optical thin film deposition. *J. Mat. Sci.* 21, 1986, S. 1-25.
[Min01] **Minemoto, T. und Y. Hashimoto, T. Satoh, T. Negami, H. Takakura, Y. Hamakawa. 2001.** Cu(In,Ga)Se2 solar cells with controlled conduction band offset of window/Cu(In,Ga)Se2 layers. *Journal of Applied Physics.* 89 (12), 2001, S. 8327-8330.
[Mur93] **Murray, C.B. und D.J. Norris, M.G. Bawendi. 1993.** Synthesis and Characterization of Nearly Monodisperse CdE (E=S, Se, Te) Semiconductor Nanocrystalites. *J. Am. Chem. Soc.* 115, 1993, S. 8706-8715.
[Nak01] **Nakada, T. und M. Mizutani, Y. Hagiwara, A. Kunioka. 2001.** High-efficiency Cu(In,Ga)Se2 thin-folm solar cells with a CBD-ZnS buffer layer. *Solar Energy Materials & Solar Cells.* 67, 2001, S. 255-260.
[Nie98] **Niemegeers, A. und M. Burgelman, R. Herberholz, U. Rau, D. Hariskos, H.-W. Schock. 1998.** Model for electronic transport in Cu(In,Ga)Se2 solar cells. *Prog. Photovolt. Res. Appl.* 6 (6), 1998, S. 407-421.
[Nit00] **Nitsch, J. 2000.** Regenerative Energien im 21. Jahrhundert - additiv oder alternativ? *ForschungsVerbund Sonnenenergie: Themen 2000 [Sonne-Die Energie des 21. Jahrhunderts].* 2000, S. 4-13.
[Niz09] **Nizamoglou, Hilde. 2009.** ratschlag24.com. [Online] 31. 08 2009. [Zitat vom: 12. 01 2010.] Beitrag von Global Press. http://www.ratschlag24.com/index.php/energie-aktuell-kohle-mit-strkstem-zuwachs-beim-weltenergieverbrauch-_91152/.
[OBr98] **O`Brien, P. und McAleese, J. 1998.** Developinkg and understanding of the processes controlling the chemical bath deposition of ZnS and CdS. *J. Mater. Chem.* 8 (11), 1998, S. 2309-2314.
[Ort93] **Ortega-Borges, R. und Lincot, D. 1993.** Mechanism of Chemical Bath Deposition of Cadmium Sulfide Thin Films in the Ammonia-Thiourea System. *J. Electrochem. Soc.* 140 (12), 1993.
[Pen00] **Pentia, E. und L. Pintilie, I. Pintilie, T. Botila. 2000.** The Influence of Cadmium Salt Anion on tthe Growth Mechanism and on the Physical Properties of CdS Thin Film. *J. Optoelectronics and Advanced Materials.* 2 (5), 2000, S. 593-601.
[Pla09] **Platzer-Björkman, C. und Uhl, A. 2009.** Comparison of ZnS-based buffer layers by chemical bath deposition and atomic layer. *Mater. Res. Symp. Proc.* 1165, 2009.
[Pow07] **Powalla, M. und W. Beyer, M. Lux-Steiner, B. Rech. 2007.** Von der Grundlagenforschung zur Produktion - Entwicklungspotenziale der Dünnschichtphotovoltaik

an Beispielen aus der Si- und CIS-Technologie. *ForschungsVerbund Sonnenenergie: Themen 2007.* 2007, S. 89-95.
[Pus75] **Pustelnik, N. und Sloniewicz, R. 1975.** Kinetik der Oxidation von Thioharnstoff durch Eisen(III)-Ionen. *Monatshefte für Chemie.* 106, 1975, S. 673-678.
[Ram03] **Ramanathan, K. und M.A. Contreras, C.L. Perkins, S. Asher, F.S. Hasoon, J. Keane, D. Young, M. Romero, W. Metzger, R. Noufi, J. Ward, A. Duda. 2003.** Properties of 19,2% Efficiency ZnO(CdS/CuInGaSe2 Thion-Film Solar Cells. *Prog. Photovolt. Res. Appl.* 3, 2003, S. 225-230.
[Rie99] **Riedel. 1999.** *Anorganische Chemie.* 4. Auflage. s.l. : deGruyter, 1999. S. 312.
[Rie07] **Riedel, N.A. und V. Dyakonov, T. Kolbusch, C.J. Brabec, M. Niggemann, M. Pfeiffer, K. Fostiropoulos, E. Ahlswede. 2007.** Strategien zur kostengünstigen Massenfertigung organischer Photovoltaik. *Themen 2007.* 2007, S. 101-105.
[Rin01] **Rindelhardt, U. 2001.** *Photovoltaische Stromversorgung.* s.l. : B.G. Teubner Verlag, 2001. ISBN-10: 3519004119.
[Sae08] **Saez-Araoz, N.A. und D. Abou-Ras, T.P. Niesen, K. Wilchelmi, M.C. Lux-Steiner, A. Ennaoui. 2008.** In situ monitoring the growth of thin-film ZnS/Zn(S,O) bilayers on Cu-chalcopyrite for high performance thin film solar cells. *Thin Solid Films.* 517 (7), 2008, S. 2300-2304.
[Sch03] **Scheer, R. und Siebentritt, S. 2003.** Chalkopyrit-Dünnschicht-Solarzellen mit hoher Bandlücke. *Forschungsverbund Sonnenenergie: Themen 2003.* 2003, S. 90-93.
[Sch07] **Schild, R. und M. Dimer, M. Powalla. 2007.** Produktionstechnologien für die Photovoltaik. *Forschungsverbund Sonnenenergie: Themen 2007.* 2007, S. 84-88.
[Sch10] **Schneider, K. 2009.** Frauenhofer ISE. [Online] 14. 01 2009. [Zitat vom: 13. 01 2010.] http://www.ise.fraunhofer.de/presse-und-medien/presseinformationen/presseinformationen-2009/weltrekord-41-1-wirkungsgrad-fuer-mehrfachsolarzellen-am-fraunhofer-ise.
[Shi99] **Shim, M. und Guyot-Sionnest, P. 1999.** Permanent dipole moment and charges in colloidal semiconductor quantum dots. *J. Chem. Phys.* 111 (15), 1999.
[Sur08] **Suryajaya und A. Nabok, F. Davis, A. Hassan, S.P.J. Higson, J. Evans-Freeman. 2008.** Optical properties of electrostatically assembled films of CdS and ZnS colloid nanoparticles. *Appl. Surface Science.* 254 (15), 2008, S. 4891-4898.
[Tri10] **Trieb, N. 2010.** *Industrietaugliche Strukturierung von photovoltaischen Dünnschichtsolarmodulen durch gepulste Laserstrahlung.* s.l. : Diplomarbeit, 2010.
[Ull04] **Ullal, H. S. 2004.** Polycristalline Thion-film Photovoltaic Technologies: Progress and Technical Issues. *19th European PV Solar Energy.* Paris, France, 2004.
[WWW01] **Uwezi.** Wikipedia. [Online] [Zitat vom: 07. 02 2010.] http://commons.wikimedia.org/wiki/File:Standard_iv_de.png.
[Vos04] **Voss, C. und Y.-J. Chang, M. Subramanian, C.H. Chang. 2004.** Growth Kinetics of Thin-Film Cadmium Sulfide by Ammonia-Thiourea Based CBD. *J. Electrochem. Soc.* 151 (10), 2004, S. C655-660.
[Wat04] **Waters, D.C.J. und J. Raftery, P. O´Brien. 2004.** Deposition of Bismuth Chalcogenide Thin Films Using Novel Single-Source Precursors by Metal-Organic Chemical Vapor Deposition. *chem. Mater.* 16 (17), 2004, S. 3289-3298.
[Web02] **Weber, M. und R. Scheer, H.J. Lewerenz, H. Jungblut, U. Störkel. 2002.** Microroughness and Composition of Cyanide-Treated CuInS2. *Journal of The Electrochemical Society.* 149 (1), 2002, S. G77-G84.
[Wel86] **Weller, H. und H.M. Schmidt, U. Kock, A. Fojtik, S. Baral, A. Henglein. 1986.** Photochemistry of Colloidal Semiconductors. Onset of Light Absorption as a Function of Size of Extremly Small CdS Particles. *Chem. Physics Letters.* Vol 124, No.6, 1986, S. 557-560.

[Wik10b] **Wikipedia. 2010.** Schichtwachstum. *http://de.wikipedia.org/wiki/Schichtwachstum.* 2010, (Zugriff: 31.03.2010, 18:00 MESZ).
[Wik10a] —. **2010.** Solarzelle. *http://de.wikipedia.org/wiki/Solarzelle.* 2010, (Zugriff: 31.03.2010, 10:30 MESZ).
[Wil07] **Wilchelmi, K. 2007.** *Recycling von Thioharnstoff und Ammoniak bei der Herstellung von Dünnschicht-Solarmodulen.* Berlin : Diplomarbeit, 2007.
[Wil10] **Wilchelmi, K. und D. Förster, A. Neisser, R. Schomäcker. 2010.** Influence of dimmers in the MeS CBD process. *J. Chem. Soc.* 2010, under consideration.
[Wil09] **Wilchelmi, K. und Förster, D. 2009.** *Verfahren zur nasschemischen Abscheidung einer schwefelhaltigen Pufferschicht für eine Chalkopytit-Dünnschicht-Solarzelle.* 102009001175.7 2009.
[WiP09a] **Wilchelmi, K., Förster, D. und Meeder, A. 2009.** *Chalkopyrit-Dünnschicht-Solarzelle mit CdS/Zn(S,O)-Pufferschicht und dazugehöriges Herstellungsverfahren.* 10 2009 054 973.0 2009.
[Yam07] **Yamada, N.A. und F. Meng, Y. Chiba, M. Kawamura, M. Konagai. 2007.** Zn-Based Buffer Layer and High-Quality CIGS Films Grown by a Novel Method. *Mater. Res. Soc. Symp. Proc. Vol. 1012.* 2007.
[Zen07] **Zenka, D. 2007.** Fei.com. [Online] 2007. [Zitat vom: 31. 03 2010.] http://investor.fei.com/releasedetail.cfm?ReleaseID=262968.

Die VDM Verlagsservicegesellschaft sucht für wissenschaftliche Verlage abgeschlossene und herausragende

Dissertationen, Habilitationen, Diplomarbeiten, Master Theses, Magisterarbeiten usw.

für die kostenlose Publikation als Fachbuch.

Sie verfügen über eine Arbeit, die hohen inhaltlichen und formalen Ansprüchen genügt, und haben Interesse an einer honorarvergüteten Publikation?

Dann senden Sie bitte erste Informationen über sich und Ihre Arbeit per Email an *info@vdm-vsg.de*.

Sie erhalten kurzfristig unser Feedback!

VDM Verlagsservicegesellschaft mbH
Dudweiler Landstr. 99   Telefon +49 681 3720 174
D - 66123 Saarbrücken   Fax   +49 681 3720 1749
www.vdm-vsg.de

Die VDM Verlagsservicegesellschaft mbH vertritt

Printed by Books on Demand GmbH, Norderstedt / Germany